薯类全程机械化智能化
生产关键技术

杨然兵　潘志国　尚书旗　等 著

中国农业出版社
北 京

　　本专著针对马铃薯、甘薯全程机械化智能化作业研究现状和本团队在马铃薯播种机、甘薯移栽机、水肥一体化智能控制系统、马铃薯田间管理机械、马铃薯甘薯收获机、自动导航系统、薯类智慧农场信息化管理平台上的研究成果进行系统性阐述，可为薯类机械行业从业者提供参考。

　　随着 2015 年国家正式启动"马铃薯主粮化"战略，薯类作物在农业生产中的地位进一步提高，考虑本行业从业者及相关成果逐步增多，基于本团队十余年的研究基础，参考国内外同类专著思路，构建并撰写了本专著。本专著撰写过程体现出如下特点：

　　1. 基本思路：生产实践为基础、相关技术为主体，体现农机与农艺、技术与生产相结合。

　　2. 专著结构：以薯类全程机械化为主线，从播种、移栽、水肥一体化、田间管理、收获与导航、智慧农场信息化管理平台 6 个方面分别进行具体阐述。

　　3. 专著内容：依托本团队在薯类全程机械化不同作业环节的研究成果，分章节表述。本专著分为七章：第一章薯类生产关键技术国内外研究现状，论述国内外薯类作物全程机械化智能化的发展水平及相关机械的国内外研究现状；第二章薯类种植机械，论述分层施肥、漏播检测、漏播补种与甘薯移栽机等方面的关键技术；第三章薯类作物生产配套水肥一体化智能控制系统设计，论述远程控制、自动反冲洗与流量耦合等方面的关键技术；第四章薯类作物田间管理机械，论述全局路径规划、局部路径规划与路径追踪控制等方面的关键技术；第五章薯类收获技术，论述振动挖掘、S 型链式输送分离与精细化测产等方面的关键技术；第六章薯类生产配套自动导航系统功能及方案设计，论述路径规划、路径追踪与转向控制等方面的关键技术；第七章薯类智慧农场信息化管理平台，论述系统设计和功能模块组成等内容。

本专著由长江学者、国家马铃薯产业技术体系岗位专家、海南大学杨然兵教授组织编写，由海南大学杨然兵和青岛农业大学潘志国、尚书旗领衔著作，并与北京市农林科学院的赵春江、青岛洪珠农业机械有限公司的吴洪珠、中国农业机械化科学研究院集团有限公司的杨德秋、东北农业大学的吕金庆共同协作完成。本专著围绕薯类全程机械化智能化关键技术并结合团队成员研究成果编著而成，各章的撰写分工如下。第一章：尚书旗、吴洪珠、王涛、张建、郑刚。第二章：杨然兵、吕金庆、潘志国、杨红光、郭栋、王婕、郭鑫雨、李林、徐亚雷。第三章：张还、李晓波、刘文亮、刘仕泽。第四章：潘志国、翟宇鸣、王伟静、慕杰、刘莎、邱保华。第五章：杨然兵、杨德秋、潘志国、吴秀丰、王政增、刘志深、田光博、郑媛媛。第六章：张健、徐康、吕士亭。第七章：赵春江、张健、国世腾、白翔宇。本专著的结构框架、任务协调、修改补充、统稿审定由杨然兵、潘志国、尚书旗3位负责。该书在撰写过程中得到了海南大学、青岛农业大学、北京市农林科学院、青岛洪珠农业机械有限公司、中国农业机械化科学研究院集团有限公司、东北农业大学以及山东省薯类全程机械化智能装备工程技术研究中心等单位和平台的大力支持，在此表示感谢。

本专著适用对象为从事薯类全程机械化智能化装备研发与应用的科技人员、薯类机械化生产与实践的技术人员以及从事农业机械化相关专业的人员等。

由于我国薯类机械化智能化生产农机装备研发与应用起步晚，与国外存在一定差距，国内不同种植区农艺差异性较大，对薯类机械化关键技术与装备要求不同；同时，受研究者水平、研究范围等因素影响，书中纰漏之处在所难免，恳请读者和专家批评指正。

著 者

2023 年 8 月

C目录
ONTENTS

第一章　薯类生产关键技术国内外研究现状

针对马铃薯播种、甘薯移栽、薯类作物收获以及田间管理等主要种植环节并结合本课题组研究方向，本章将从马铃薯播种机、甘薯移栽机、水肥一体化、无人喷药、薯类收获机以及导航技术6个方面来探讨国内外研究现状。

一、马铃薯播种机

马铃薯在世界上许多地区都被作为最重要的主食之一。发达国家对马铃薯播种机械的研究较早[1]。1945年后，比利时、荷兰等国家开始发展马铃薯机械化播种[2-3]。目前，国际市场上现有的马铃薯播种机种类较多[4]。从马铃薯播种机大小来分，一方面以德国、美国、荷兰、比利时和挪威为代表，他们主要生产大中型马铃薯播种机，可一次性完成旋耕整地、喷药、施肥、开沟、播种和起垄培土等工序，同时具有播种监控及施肥量、播种量自动控制技术；另一方面以意大利、日本和韩国为代表，主要生产中小型马铃薯播种机，其结构简单、功能单一，但做工精细、可靠性高[5-6]。国外大中型马铃薯播种机机型简介如表1-1所示。

表1-1　国外大中型主要马铃薯播种机

生产公司	型号	机器图片	机器特点
德国格力莫（Grimme）	GL 410		紧凑的背负式机身设计使播种机在田间地头灵活性极高，功耗更小；机械式播种皮带振动器低幅高频的振动规律能有效减少重播现象产生

（续）

生产公司	型号	机器图片	机器特点
德国格力莫 （Grimme）	GL 415		盘式下肥装置即便在有残茬和杂物的地块也能进行精准施肥
德国格力莫 （Grimme）	GL 430		可倾斜式料斗使播种更精确；可提升的轮轴配置大规格地轮，可确保机器转弯倾斜时更加容易操作
美国 Crary 公司	Lockwood 606		采用负气压差吸种和零压排种，但只适用于块状种薯播种
美国 Double L 公司	9500		工作效率高，作业次数少；活动零件少，减少日常保养和维修时间
荷兰 Miedema 公司	CP 42		智能浮动控制系统可以在种植过程中自动保持恒定的土壤耕作深度，同时保证较高的种植精度
比利时 AVR	CERES 400		皮带上的两列 20 个种勺保证高速工作下持续不断地提供马铃薯种块，并且在高速工作时，播种机工作状态十分流畅

（续）

生产公司	型号	机器图片	机器特点
挪威 Underhaug 公司	UP 3740		保证种植精度的同时，实现高效率作业

国外相关学者也对马铃薯播种机进行了研究，取得了较多研究成果。

Cho 等[7]研制了一种全自动种薯切割的马铃薯播种机（图 1 - 1），该播种机可以进行种薯切割，保证了种薯的新鲜程度。

Hasse[8]开发的播种机精密监测系统 Pioneer I，能够实现自动监控播种情况的好坏，其不仅能适用于马铃薯播种机，还可适用于谷类作物播种机等类型不同的播种机。

Lan 等[9]学者将光电传感检测技术应用于马铃薯播种机，实现了实时监测播种间距，并与设置间距及时比对，提高了播种系统的精准性。

图 1 - 1　全自动种薯切割的马铃薯播种机

McLeod 等[10]改进的马铃薯精播机采用圆筒状体的取种转筒，转筒上均匀分布的薯种孔与固定的真空吸嘴径向固定，将吸嘴的压力调至只能够吸住 1 个薯种，当薯种转至播种管口位置时，释放薯种，下落进入开沟器已经开好的沟槽中，完成播种作业，提高了作业的准确性。

Buitenwerf 和 Hoogmoed[11]通过对播种机内薯种运动特性的评估总结出造成马铃薯株距不均匀的因素，主要包括薯种勺带的速度、薯种数量等。

Abbas 等[12]通过对不同生长条件下的马铃薯进行试验研究，研制出 CAR-4 型马铃薯发芽块茎栽植机，该栽植机主要针对的是已经有萌芽的马铃薯块茎薯种。

综上所述，国外的各种马铃薯播种机通过不断地改进创新，其播种精度高、工作效率高，并基本上达到了马铃薯播种环节的全程机械化。

相较于国外对马铃薯播种机的研究，我国对马铃薯播种机的研究起步较晚，虽然我国是马铃薯的种植和产量大国，但也仅仅是从 20 世纪 60 年代初才开始对马铃薯播种机进行研究，而且马铃薯总体机械化水平一直不高[13]。进入 21 世纪后，国内的马铃薯机械化作业技术装备快速发展，马铃薯播种机生产公司主要有中机美诺、青岛洪珠、希森天成、德沃、得利新等，其马铃薯播种机主要机型简介如表 1-2 所示。

表 1-2　国内主要马铃薯播种机

生产公司	型号	机器图片	机器特点
中机美诺	1220A		种植行距、株距可调，以适应不同地区农艺要求；可实现双侧施肥，种肥分施效果好
中机美诺	1240B		悬挂式转弯半径小、效率高，施肥不堵塞、通过性好、不缠绕秸秆、可调整施肥量范围，配电子振动机构，可靠性好
青岛洪珠	2CM-2C		具有开沟施肥、播种、施颗粒杀虫农药、起垄、喷洒除草剂、铺膜、铺设滴灌带等功能
青岛洪珠	2CM-4W		先进的取种系统配合科学的电子振动机构，具有单粒取种、精准排种、取种破损率低等优点

（续）

生产公司	型号	机器图片	机器特点
希森天成	2CMX-2		马铃薯种植机种植深度控制采用单体限深仿形机构，解决了因地域、土质等因素而造成的播种深度不均问题，提高了播种深度的稳定性
希森天成	2CMW-4B		采用履带式传送结构，可进行高速播种；通过传送带引导微型薯，移动向下一个与之转速相同步的压种带，使其能精确地播种在土壤中
德沃	2CMQ-4		播种皮带采用电子振动剔种，提高了播种精度；种箱底部机械式抖动防蓬种机构，省去了人工推种环节，降低了漏播率
德沃	2CMZ-4		仿形轮与开沟器相对高度可调，播种时可限制播种深度，在地势高低变化情况下，可保证播种深度的一致性
得利新	2CMP-2		种肥分离技术不伤害种薯；播种时能盖足土，高垄覆膜可提高产量

吕金庆等[14]研制了马铃薯气力式精量播种机（图1-2），其采用吹气和吸气风机共同作用达到负压吸种、正压吹种的精量吸排种关键技术，提高了播种精度与速度；同时采用动态智能供种装置，动态实时监控排种器中种薯的数量，保证种面高度保持稳定；研制的分体式滑刀开沟器可为种薯的着床和生长提供良好的种床条件，促进马铃薯生长。

刘文政等[15]设计了一种基于振动排序的马铃薯微型种薯播种机（图1-3），其设计了基于受迫振动原理的播种装置，通过微型薯单列排序输送投种和振动回种等设计和分析，确定了相关结构参数和工作参数；在种箱落种口设计安装了落种调节装置，调节薯种进入播种装置的流量，并避免薯种在种箱内结拱。

图1-2　马铃薯气力式精量播种机　　　　图1-3　马铃薯微型种薯播种机

陈志鹏[16]研制了一种三角链半杯勺式马铃薯精密播种机（图1-4），传动形式为三个链轮的三角形排列方式，相比于常见的勺链（带）式马铃薯排种器，增设了水平清种区，减少种薯损伤；种勺形状为半杯状，增强了对种薯形状和丘陵山地地形的适应性。

牛康[17]研制了双层种箱式马铃薯播种机（图1-5），设计了具有双层种箱结构的排种装置，扩充了充种区，且不增大充种高度，降低了漏播率，并设计了一种马铃薯播种机漏补自动补偿系统，在保证排种性能的前提下，将最大排种速度提高至0.96m/s，提高了播种机的最高播种速度。

图1-4　三角链半杯勺式马铃薯　　　　　图1-5　双层种箱式马铃薯播种机
　　　　精密播种机

王凤花等[18]设计了一种单行气吸式微型薯精密播种机（图1-6），可一次性完成开沟、播种、覆土等作业,采用振动供种和负压吸种的原理,设计了一种适用于微型薯的气吸圆盘式排种器,通过理论分析与数值模拟确定了排种器主要结构与工作参数,提高了播种机的作业质量。

王希英[19]基于黑龙江马铃薯种植区的农艺要求设计试制了双列交错勺带式马铃薯播种机(图1-7)。通过优化排种总成,提升取种成功率,避免漏播,利用高速摄影与目标跟踪技术对马铃薯投种轨迹进行测定,得到种薯投送落种轨迹的分布规律。

图1-6 单行气吸式微型薯精密播种机　　图1-7 双列交错勺带式马铃薯播种机

二、甘薯移栽机

欧美国家和日本对移栽机的研究起步较早,目前已实现多种作物的移栽智能化。尤其对蔬菜、花卉等作物的移栽技术比较成熟,主要采用钵苗移栽技术,最常用的移栽机构是鸭嘴式栽植器,且有配套的分苗装置,作业速率较高[20]。甘薯在国外并不是主要农作物,发达国家主要采用一年单季种植,少量采用覆膜移栽、同步浇水作业,与国内种植模式差异较大[21]。如图1-8所示,美国甘薯移栽机多采用链夹式裸苗移栽机,美国耕地多、作业地块大,移栽机以标准化、大型化为主,一次可栽插十几行[22]。链夹

图1-8 美国链夹式裸苗移栽机

式裸苗移栽机作业时采用大功率拖拉机带动,机具为三点悬挂式,栽植机构采用链夹式,该机具可折叠与展开,展开宽度为18 m,由人工将甘薯苗从载苗盘上取下并依次放入链勺中,机具前方有开沟装置,链勺转动依次将甘薯苗放入沟中,覆土装置通过覆土将甘薯苗茎秆掩埋,以此完成甘薯苗的机械化移栽[23]。

图 1-9　日本自走式甘薯移栽机

日本的国土面积较小，为了实现单位面积产量最大化，将农机与农艺的融合进行得十分深入。日本的膜上移栽技术较为成熟，主要以适用于丘陵地区的小型自走式移栽机械为主。甘薯移栽采用钳夹式膜上移栽技术，移栽后的膜孔长度为 6cm，作业效率为每分钟 40～50 株[24]。其中，以日本井关农机株式会社研发的小型自走式移栽机为代表机型。如图 1-9 所示，日本自走式甘薯移栽机长 2 230mm、宽 128mm、高 1 100mm，适合丘陵地区作业。在作业时，操作人员将甘薯苗依次摆放在送苗装置的托盘单元中，送苗装置通过转动将甘薯苗输送至钳夹前端，钳夹将甘薯苗夹取并插入土壤中。该机具的分苗装置与夹取机构协同配合做间歇运动，分苗装置静止时，夹取机构快速从分苗装置上夹取甘薯苗，在夹取机构快速栽苗期间，分苗装置迅速运动，将下一株苗输送到待夹取位置。在夹取机构的快速作用中，降低了因机具前进速度变化对夹取机构造成的水平位移，从作业原理上降低了移栽后的膜孔长度，并且通过调整栽植机构的安装角度可实现平插和船底形移栽，在日本应用面较广[25]。我国曾引进过该机型，但由于甘薯苗品种和土壤环境差异，导致该机具在我国的作业效果并不理想。

国外研究人员对甘薯苗力学特性开展了相关研究，但研究的学者不多，集中在单一要素的研究，缺乏对甘薯苗-土壤-夹持机构、夹持机构-地膜相互作用机理的多因素的综合研究。英国的研究人员设计了一项试验，对秧蔓进行三点弯曲控制，测定其断裂的极限弯曲挠度[26]，但仅局限于弯曲特性，缺乏对甘薯苗茎秆受压力学特性的研究。

目前国内的移栽机按照分苗装置的工作原理可分为 3 种：传送带式移栽机、吊杯式移栽机、链夹式移栽机，各存在其优劣[27]。传送带式移栽机常用于较长或弯曲的幼苗，吊杯式移栽机常用于短苗且采用钵苗移栽，链夹式移栽机常用于较长且无需膜上移栽的裸苗。近些年来随着我国对甘薯产业的重视，加大了对甘薯机械化移栽技术的研发，因此针对各地种植习惯，全国各地学者研究了多种样式的甘薯移栽机械。山西运城农机研究所研制的 2ZYZ-2 型甘薯开穴注水移栽机，该机具由大功率拖拉机牵引，采用三点悬挂方式，可进行两行作业，且行距可调，株距 300mm，由人工喂苗，移栽速率为每分钟 40～60 株，作业效率为每小时 0.1～0.5hm²，该机具功能多样，可一次性完成破膜、开穴、移栽、浇水 4 道工序，大大降低了劳作强度，但由于该机具体型较大，长宽高为 2 800mm×1 480mm×1 800mm，整机重量 280kg，因此仅适用于平原大田[28]。在机型 2ZYZ-2 的基础上，山西运城农机研究所又进一步研发了新机型 2ZY-2A 自走式移栽机，该机具通用性较强，采用直插方式，可运用于甘薯、辣椒、大葱等多种作物，但由于采用直插式移栽，因此该机具在甘薯移栽方面的应用并不广泛[29]。山西省农业科学院棉花研究所研制了一种基于脉冲式的膜上移栽机，通过水压破膜并冲出坑穴，由人工将甘薯苗插入坑穴中后，压实装置对垄顶面进行压实，提升了膜上移栽效率[30]。从作业原理可以看出，该机具主要针对破膜，虽能完成膜上移栽中重要的破膜工序，但核心的移栽技术依然没解决。河北省农林科学院粮油作物研究所研发出一款针对甘薯苗平插的装备，其作业原理是在机具前进的同时，开沟器在垄上开一条深度为 6cm 的沟，然后栽植机构将苗依次放入土中，覆土装置再覆土完成移栽[31]。该方式易于实现机械化、标准化。如图 1-10 所示，由南通富来威公司研制的 2CGF 系列甘薯复式移栽机，采用链夹式移栽机构，可实现甘薯斜插，作业效率为单个栽植机构每分钟 35～50 株。农业农村部南京农业机械化研究所研制的甘薯多功能移栽机，可一次完成旋耕碎土、施肥、起垄、移栽覆土工序，作业效率较高[32]，在该研究的基础上，农业农村部南京农业机械化研究所又增加了浇水功能，由拖拉机装载水箱，水箱连接移栽机上的浇水装置，完成移栽后浇水装置立马对苗进行浇水，但由于受机具前进速度的影响，浇水位置并不精确[33]。山东火绒农业机械制造有限公司是生产移栽机的专业厂家，在移栽方面有多年的研究，如图 1-11 所示，其研制的合手式柔性护苗移栽机可以实现破膜移栽，合手式护苗输送装置降低了苗的破损率，提升了移栽机的作业质量[34]。如图 1-12 和图 1-13 所示，淮海工学院机械工程学院的申屠留芳团队研究过一种指夹式甘薯移栽机，该移栽机根据仿生学原理，模拟人手指的形状设计甘薯移栽机的关键部件，即指夹式移栽机构[35]。

研究人员采用地轮驱动、自走式等方法解决因机具前进速度变化而影响株

图 1-10　2CGF 系列甘薯复式移栽机

图 1-11　合手式柔性护苗移栽机

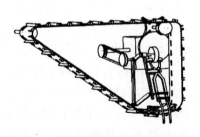

图1-12　指夹式移栽机构和送苗装置

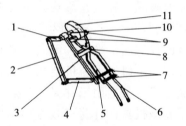

1. 曲柄　2. 机架　3. 连杆　4. 摇杆
5. 机械手指　6. 机械手指　7. 弹簧
8. 销轴　9. 滚子　10. 轴　11. 凸轮

图1-13　指夹式移栽机构

距变化的问题。旋转编码器和电机的结合有助于保持移栽机构的速度和频率恒定。一些研究人员通过结合机器的前进速度和移栽速度，形成摆线运动轨迹，倾斜种植甘薯苗。山东农业大学朱斌彬和吕钊钦[36]构建了一个四连杆移植机构，并使用 Matlab 修改了其设置，使红薯苗的倾斜移植更加精确。山东农业大学张涛[37]建立了移植装置运动的数学模型，并优化了设计参数，通过现场测试验证了机器的性能。上述研究主要集中在非膜上移栽、移栽机构结构形式的选择以及其参数的优化。移栽机构的运动轨迹末端与移栽后幼苗在土壤中的姿态一致性较高，以满足农艺要求。但这些研究方法并不能解决覆膜后移栽的问题。

在确定移栽机构的结构参数后，株距的变化系数过大，这将导致膜孔的实际尺寸与理论尺寸之间存在较大差异。因此，保持株距稳定是讨论膜孔大小的先决条件。研究人员通过优化移植机构的结构参数，减小破膜孔的尺寸。研究者建立了土壤分层模型以模拟土壤阻力对移栽轨迹的影响，并将该模型与种植机构的运动轨迹相结合，推导出运动方程，计算机模拟结果表明，可以实现幼苗的垂直移栽[38]。刘姣娣等[39]研究了栽植机构的运动轨迹和移栽农艺要求，创建了栽植机构的运动学模型，通过 Matlab 编写的人机交互程序优化了机构的参数，以提高作物移栽后的直立度，在台架试验中，通过高速摄像测试表明，实际运动轨迹与理论轨迹的一致性较高，可以在膜上实现垂直移栽。东北农业大学研究团队的徐高伟[40]优化了一种基于鸭嘴式的垂直栽植装置，提高了丹参移栽的直立度，通过建立栽植机构末端的运动数学模型，创建了可视化辅助界面，探讨了各机构参数对运动轨迹和终点姿态的影响，并利用数值循环比较优化了参数组，田间试验表明，破膜孔较小，直立率较高。同时，东北农业大学研究团队的周脉乐[41]设计了一种基于行星齿轮系的移栽装置，以实现对钵苗的垂直移栽，通过参数优化，提升了辣椒幼苗垂直膜上移栽的直立度。东北农业大学团队研究的目标是使移栽机构沿直线上下移动，以实现较高的直立度和较小的破膜孔。因此，东北农业大学团队研发的机具仅能实现膜上垂直移栽，不足以实现船底形膜上移栽。

综上，针对各地农户种植习惯，甘薯有多种移栽方法，主要包括直插法、斜插法、平插法、船底形插法。李仁崑等[42]通过田间试验对比分析了不同移栽方法下的甘薯产量，结果表明：在4种移栽方式中，船底形插法的甘薯产量最高。马志民等[43]、罗小敏和王季春[44]通过实验室培育试验得到结论：甘薯覆膜比不覆膜种植增产16%以上，尤其不透明黑地膜覆盖比半透明地膜覆盖产量更高。因此，为实现甘薯产量最大化，应该采用船底形插法和覆膜相结合的方式。

三、水肥一体化

马铃薯水肥一体化系统，通过数据采集处理技术，结合智能控制系统，可利用手机远程操作，实现水肥智能配比滴灌微施，提高水肥利用率，提升水肥滴灌微施装备的智能化控制水平。

国外的水肥一体化技术已经相当成熟，水肥一体化技术源于以色列[45]。目前，以色列的耐特菲姆公司掌握着世界上最先进的大田灌溉水肥一体化技术。荷兰的豪根道公司掌握着最先进的设施农业水肥一体化技术[46]。美国节水灌溉技术也较为先进，美国60%的马铃薯、33%的果树和25%的玉米都采用水肥一体化技术[47]。以色列的耐特菲姆公司在2019年推出"耐碧特"智慧大脑系统，该系统可以轻松地从任何位置监测、分析和自动化控制灌溉系统，确保精准灌溉和施肥，针对不同作物的生长需求自定义灌溉计划，其灌溉系统示意图如图1-14所示。荷兰的豪根道公司在2020年推出IIVO系统，该系统可以被用作一个先进的控制计算机来决定作物在任何时刻的特定需求，它的核心是植物赋能原理：一种独特的将植物生理学与物理学相结合的栽培理念，一个用能源、水与同化作用最优平衡创造出的更强壮、更健康的并且少受病虫害侵扰的作物。

国外相关学者也对水肥一体化技术进行了研究，Podbevsek等[48]提出了压力补偿式灌溉，通过滴头的橡胶垫片控制滴头内部的承压能力，使灌溉水用量相对普通的灌溉方式降低了35%。

Razali等[49]利用NE肥料大师对施肥量进行判断，以此来代替人工经验的判断，大大提高了施肥的精准性。

Rehak等[50]开发了一种应用在可移动灌溉设备上的软件程序，通过可视化的方式为农民提供、调取所需要的信息。

Gutiérrez等[51]在植物根区布置湿度和温度传感器，通过网络处理传感

图 1-14　灌溉系统示意图

器、触发器、执行器将有关土壤的数据传输到 Web 应用程序上，利用自己开发的一种具有温度和土壤湿度阈值的算法，并通过将该算法编程到基于微控制器的网关中以控制水量。

我国的水肥一体化设备相对于国外起步较晚，这些年，我国在水肥一体化技术方面取得显著成绩，但与国外发达国家还有差距[52]。国内比较出色的水肥一体化设备公司主要有博云农业、圣大节水等。

博云农业的自动灌溉施肥机如图 1-15 所示，该机具是一个功能强大的自动灌溉施肥机，它能够按照用户的要求精确控制施肥和灌溉量，根据用户设定的灌溉施肥程序通过灌溉系统适时适量地供给作物，保证作物生长的需要。该机器可以根据客户的具体需求，量身定制 EC/pH 监测系统，并融入手机 App 操作界面以及物联网技术，以实现更加便捷化、智能化的管理。

圣大节水水肥一体化无土栽培水培专用智能水肥机如图 1-16 所示，其动力系统采用变频控制，并配备压力调节阀，实时保持管道中灌溉压力平衡。同时，可根据 EC/pH 和水肥比进行精准调节，实时在线调节，达到精准配肥、精准控肥。

曹成茂等[53]将自动控制技术和节水灌溉技术结合起来，利用 nRF903 收/发芯片实现数据的无线传输，使其适合不便连线的测试和控制场合应用。

金美琴和姜建芳[54]以工控机和可编程逻辑控制器（PLC）为控制核心、视窗控制中心（WinCC）为人机交流窗口，结合变频、现场总线、无线传感等技术，建立了将节水灌溉、农业生产管理与自动化控制技术集为一体的滴灌控制系统。

姜浩[55]基于模糊神经网络比例-积分-微分控制（PID）算法来控制水肥浓度，提高水肥浓度控制的精度。

图 1-15　自动灌溉施肥机　　　　图 1-16　无土栽培水培专用智能水肥机

四、无人喷药

　　无人喷药主要有无人机喷药和无人车喷药两种方式。日本是最早在农业生产中使用无人驾驶直升机施药技术的国家，而美国是目前农业航空装备技术最先进、应用最广泛的国家。随着精准农业的发展，航空遥感技术、空间统计学、变量施药控制等技术也用于美国农田产量监测，如植物的水分、营养状况、病虫害监测[56]。

　　国外生产无人喷药机和无人喷药车的公司主要有 John Deere 公司、Guss 公司、凯斯、雅马哈公司等。其主要机型简介如表 1-3 所示[57]。

表 1-3　国外主要无人喷药机械

生产公司	型号	机器图片	机器特点
John Deere 公司	3WPZ-4620		风幕能够有效地减少药液的漂移和浪费，同时能够提升药滴的有效性和均匀度；喷杆单边折叠的功能使其在有障碍物或狭窄的作业环境中更加灵活

（续）

生产公司	型号	机器图片	机器特点
Guss 公司	果园 GUSS		通过车辆传感器和软件补充 GPS，并通过果园安全有效地引导 GUSS 来解决树冠下喷药效果不佳的问题
凯斯	Patriot 3230		采用静液压四驱、无级变速系统，最高可达 48km/h，喷药部分采用离心液压马达通过药物控制系统进行均匀喷药
雅马哈公司	RMAX		外形尺寸小、机动灵活、操控简便、作业效率高、喷洒效果好、农药飘移少

近些年来，国内的无人喷药设备也取得了一定的进展，但与国外还有一定的差距。国内生产无人喷药机和无人喷药车的公司主要有江苏沃得、中农丰茂、丰诺植保等。其主要机型简介如表 1-4 所示[58]。

表 1-4　国内主要无人喷药机械

生产公司	型号	机器图片	机器特点
江苏沃得	3WPZ-700A		离地达到 110cm，在高株作物喷雾时，不会伤及作物；采用四轮驱动，前、后轮行走轨迹相同；配备分禾杆，减少对农作物的碾压

（续）

生产公司	型号	机器图片	机器特点
江苏沃得	3WWDZ-10		装备高精度仿地雷达，无刷双水泵作业效率更高，喷洒更精确；可通过远程 App 在线查看，具有异常情况及时报警功能
中农丰茂	3WX-2000G		配备 GPS 卫星定位装置，精确记录喷雾轨迹，防止漏喷、复喷；四轮驱动配置驱动防滑装置，可以在崎岖不平的田地间畅通无阻
丰诺植保	3WPYZ-2000-150		采用四级过滤，解决了堵喷嘴的困扰，喷洒药量均匀，无需喷洒时可任意关闭每段

　　张勇和王丽莉[59]设计了一款具备较高智能化程度的无人打药车，采用基于视频偏航识别和惯性导航相结合的方案，实现了智能化、自主、精确的作业，降低了农作物碾压伤害，解决了药物喷洒不均匀、作业间距要求严格和运输不方便的问题。

　　沈跃等[60]提出了一种基于磁力计实时校准的无人机航姿两级解算方法，解决了直线型植保无人机航姿测量受磁场干扰严重、磁力计校准动态性能差、航姿估计精度低等问题。

五、薯类收获机

　　国外的马铃薯机械化收获起步较早，先进的马铃薯收获机主要集中在欧美、日韩等国家，其中欧美主要生产大型自走式联合收获机、日韩主要生产中小型牵引式收获机[61-64]。国外生产马铃薯收获机的公司主要有德国格力莫、美国 Double、比利时 AVR 公司、意大利思培多公司、日本东洋农机株式会社等。其马铃薯收获机机型简介如表 1-5 所示[65]。

表 1-5　国外主要马铃薯收获机

生产公司	型号	机器图片	机器特点
德国格力莫 （Grimme）	WH200		两级带有额外落差高度的主网在各种条件下均可达到良好的土块分离，一个旋转振动器作为选配装置，可增强土块的分离效果
德国格力莫 （Grimme）	GT 170		使用全新结构，能够在高效率装车的同时加强作物保护
德国格力莫 （Grimme）	VARITRON 470		通过与不同的分离单元结合，在任何时候，驾驶员都可以从舒适的驾驶室内对入料单元及筛网情况一目了然
德国格力莫 （Grimme）	SF3000		搭载可移动的驾驶室，极大地增强了挖掘作业的可视性
美国 Double	L 973		带有块茎回流收集装置，能节省卸料时长，有利于提高工作效率
比利时 AVR 公司	Spirit 6200		具备卓越的转弯能力，且具有先进的薯土分离技术，保证了马铃薯收获时的完整性
比利时 AVR 公司	PUMA3		适用于各种土壤及自然环境，同时可杀秧收获一体化

（续）

生产公司	型号	机器图片	机器特点
意大利思培多公司	两行偏置式收获机		功率较小、自动化程度高、作业效率高
日本东洋农机株式会社	TPD-3BTZ		采用的是振动式挖掘铲，可以在降水后进行作业，适应的土壤状况较广泛，土壤分离的效果好
日本东洋农机株式会社	TPH-55		配置限深装置，可以保证机具在作业时的挖掘深度一致

　　国内在马铃薯收获机上大多以中、小型的马铃薯收获机为主流产品，该类机型结构设计简单、操作简便，但在大型联合收获机方面远远落后于国际水平[66-67]。国内的马铃薯收获机公司主要有中机美诺、青岛洪珠、希森天成、德沃、安丘欧德机械有限公司等。其马铃薯收获机机型简介如表 1－6 所示[68]。

表 1－6　国内主要马铃薯收获机

生产公司	型号	机器图片	机器特点
中机美诺	1600		二级分离筛后部向下倾斜，降低了马铃薯下降高度，马铃薯破损率更低
中机美诺	1710A		采用四级折叠升运机构，运输更方便；浮动圆盘刀设计，更能有效切断杂草，减少挖掘阻力

（续）

生产公司	型号	机器图片	机器特点
青岛洪珠	4U-160D		下土铲改为活动铲，能减少阻力，防止堵土，通过性好，对拖拉机马力①要求降低
青岛洪珠	4U-170MLH		采用组合式挖掘装置入土角与输送分离装置升运角相一致的设计，有效解决了铲后积土问题；采用随行限深机构，有效减少了阻力，提升了作业顺畅性
希森天成	4UQ-165		可实现行距可调，能够薯土分离、薯秧分离、薯块集条铺放，具有明薯率高、伤薯率低、破皮率低等先进特性
希森天成	4UX-165		仿形限深轮、振动网格式输送筛与反转橡胶爪式栅格，使收获机不仅能够调整收获深度，而且使薯土疏松，利于薯土的分离，大幅提高了薯土分离效果
希森天成	4ULZ-170		两级抽秧装置，在不伤薯的基础上减少秧草等杂物；多级星辊清土除杂装置，能很好地去除薯面的泥土和杂物
德沃	4UMX-180		夹秧轮与机架内壁结构紧凑，增加了土壤的喂入量；前挡薯板弹性连接，不会出现土与秧阻塞的情况；后挂链条落薯点降低，降低了马铃薯薯皮的破损率

① 马力为非法定计量单位，1 马力＝0.735kW。——编者著

（续）

生产公司	型号	机器图片	机器特点
德沃	4UMF-180		独立的分秧输出系统，将薯秧与马铃薯分离，使马铃薯裸露于地表
安丘欧德机械有限公司	马铃薯收获机		收获效率高、不伤皮、可带秧收获、运转轻快无振动、不堵草、漏土快、结构简洁、使用寿命长

近些年来，国内许多学者也对马铃薯收获机做了相关研究。

吕金庆等[69]设计的在不杀秧情况下既适用于大型联合收获机也适用于分段式马铃薯收获机的薯秧分离装置，能够满足旱地垄播条件下的马铃薯收获作业。该装置结构简单，提高了薯秧、杂草、地膜等杂物的分离效率。

魏忠彩等[70]研制了一种缓冲筛式薯杂分离马铃薯收获机（图1-17），其采用"两级高频低幅振动分离＋薯秧分离及侧输出＋低位铺放"的薯土分离工艺，可一次性完成高效切土切蔓、松土限深、挖掘输送、两级振动分离、秧蔓分离及侧输出、低位铺放薯杂分离等作业。

图1-17　缓冲筛式薯杂分离马铃薯收获机

张兆国等[71]设计了一种多级分离缓冲马铃薯收获机（图1-18），该机具基于多级分离筛振动抛撒、破碎分离多重减速缓冲机制进行设计并配备了侧链输出铺放装置，以实现高效、平稳的作业流程。其中微波浪形薯土分离和振动碎土方式有效改善了对薯土混合物的抛撒、破碎和分离效果，提高了马铃薯收获机在黏重板结土壤下的作业效率。

图 1 - 18 多级分离缓冲马铃薯收获机

李彦彬等[72]设计的马铃薯收获机多级输送分离装置，结合主被动振动装置，可实现"两级输送分离＋高频低幅＋低位侧铺"的输送分离模式，提高了薯土混合物的破碎筛分能力，降低了落薯高度，减少了薯块碰撞损伤情况的发生。

六、导航技术

随着传感器技术、通信技术和计算机技术的迅猛发展，传统的农业机械已经不能满足现代农业的需求，现代农业开始向精准农业的方向发展，而农机自动导航技术是精准农业的重要构成部分[73]。农业机械中自主型导航的关键技术主要有视觉导航技术、卫星导航技术、其他类型的导航技术[74]。早在 20 世纪 70 年代，国外很多专家就开始研究农机自动驾驶技术[75]。

Hiremath 等[76]提出了一种基于视觉的导航方法来解决农业机械导航中环境复杂的问题，该方法基于粒子滤波器（PF），使用一种新颖的测量模型，利用粒子构建模型图像，进行相关处理后直接与测量图像进行比较。新的测量模型不会从图像中提取特征，因此不会出现与特征提取过程相关的错误。

Kurita 等[77]设计了一种算法，可以使水稻收割机自动完成收割和卸载的步骤。使用机器视觉自动化系统的同时，在矩形水田中规划逆时针螺旋路径，当粮箱装满至指定液位后，水稻收割机返回靠近农田道路的位置完成卸载。

García-Santillán 等[78]提出了一种新的研究方法，通过在车上安装摄像头，利用机器视觉，来识别玉米田中的杂草和玉米秆，从而使机器在不规则的田地里也能精确到达指定位置。

国内，虽然在农业机械自主导航方面研究比较晚，但还是取得了一定的成绩。

李丹阳等[79]基于北斗卫星、百度地图应用程序编程接口（API）技术，设计了采棉机监控服务系统。系统人机界面友好、功能完善、使用方便，具有采棉机实时定位、状态信息监测、作业面积统计、历史轨迹回放等功能。

熊斌等[80]使用基于北斗卫星导航系统的实时动态载波相位差分技术（RTK-BDS）接收机实时提供的导航定位数据，采用纯追踪的路径跟踪算法，运用 PID 转向控制方法，实现了施药机直线跟踪导航和地头转向控制。

田光兆等[81]通过在长短基线 2 套双目视觉系统叠加构建三目视觉系统，并通过灰色预测算法，实现了预测拖拉机在平面上的运动轨迹的功能。

Yang 等[82]提出了一种端到端的马铃薯作物行检测方法。首先，用 VGG16 取代原有的 U-Net 主干特征提取结构，对马铃薯作物行进行分割。其次，提出了一种特征中点自适应的拟合方法，可以根据马铃薯的生长形状实现视觉导航线位置的自适应调整。

张健等[83]针对履带式薯类联合收获机在田间的辅助导航收获作业，通过配合挖掘铲深度调整、行驶速度等因素设计自适应导航控制算法，完成履带式薯类联合收获机收获作业时的辅助导航功能。

七、本章小结

综上，国内外在马铃薯全程机械化领域都做出了相应的努力，取得了丰硕的成果，相应的机型对于马铃薯产业的发展和机具的研发应用具有重要的现实意义。马铃薯由于生长情况与各地的地形、土壤和采用的农艺方式有所不同，因此在马铃薯的机具研发方面应该结合当地的实际情况进行，并针对存在的产业问题进行研究。在马铃薯播种领域方面，存在漏播、重播发生率相对较高的情况，严重影响马铃薯的出苗率和产量。在甘薯移栽领域，船底形移栽方式被证实为产量最高的一种，然而，目前我国在该技术上的发展仍局限于实验室阶段，尚未成功研发出成熟的机型以实现广泛应用。在施肥、施药方面，肥料利用率还较低，采用变量施肥、分层施肥及水肥一体化技术可以提升肥料的利用率。在收获环节存，在挖掘阻力大、薯土秧分离不彻底、破损率相对较高的问题，在测产、导航、喷药机具方面还存在自动化智能化程度低、信息化管理水平低等问题。

第二章　薯类种植机械

针对薯类作物种植过程机械化水平低、种植效率低等问题，本团队结合薯类作物不同的种植模式研发了薯类种植机械。由于马铃薯与甘薯种植模式的不同，马铃薯一般使用整薯或者切块薯作为种薯来种植，而甘薯大多采用起垄插秧的种植模式。因此，本章主要围绕马铃薯播种机以及甘薯移栽机来介绍薯类种植技术及装备。

一、马铃薯机械化播种作业环节

马铃薯机械化播种一般采用垄作栽培方式，较为完整的马铃薯播种作业工艺流程为：马铃薯播种机一次或分段完成开沟、施肥、播种、起垄、覆土、覆膜等工序，如图2-1所示。

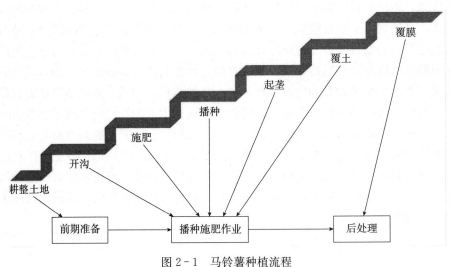

图2-1　马铃薯种植流程

（一）耕整地要求

马铃薯机械化种植应选择平整肥沃的地块，土质以壤土和砂壤土为主，pH 4.8～7.5 为宜，且种前深耕 30cm 左右。同时还应保证合理的轮作倒茬，尽量避免与其他根茎类、茄科类作物轮作，宜与谷物类作物轮作。

（二）种薯选取

马铃薯种植所需的种薯主要分为微型整薯种薯和切块种薯，目前我国马铃薯种植仍以切块种薯为主。

对于切块种薯，切块大小要均匀，每块种薯质量控制在 25～45g 为宜，并且保证有 1～2 个芽眼，根据需要可进行拌种和催芽处理。

种薯切块操作应利用顶端优势，采用螺旋式斜切法和纵切法为主（图 2-2），并根据种薯大小和芽眼数确定切块种薯数。质量在 50g 左右的种薯，从顶部纵向切成 2 块；质量在 80～120g 的种薯切成 3 或 4 块；质量在 120g 以上的，根据芽眼排序自上而下呈螺旋形斜切。

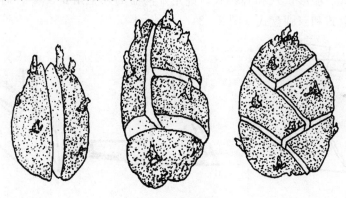

图 2-2　种薯切块方式

（三）种植要求

1. 种植时间

我国马铃薯种植时间大体可分为春播和秋播两种。除南方冬作区在 10 月下旬到 11 月上旬种植外，一季作区主要集中在 4 月中下旬，二季作区春播主要集中在 2 月和 3 月、秋播主要集中在 8 月和 9 月。

2. 种植密度

种植密度需根据不同品种和土壤情况进行选定。一般情况下，亩①植

---

① 亩为非法定计量单位，1 亩＝1/15hm²。——编者注

4 000～5 500 株为宜，单垄单行种植模式亩均需种 150～175kg，单垄双行种植模式亩均需种 175～200kg。

3. 种植模式

种植模式主要分为平作和垄作，其中垄作又可分为单垄单行和单垄双行。本章所介绍的马铃薯播种机均采用垄作栽培，可有效地避免土壤板结，有利于集中深施肥料，使种薯扎根稳定、生长发达。

(四) 开沟作业

开沟器是马铃薯播种机的关键装置，其作用主要是在马铃薯播种机工作时开出种沟，引导种薯和肥料进入沟内。因此开沟器必须保证开出的种沟深浅一致、沟形平直，开沟深度能在一定范围内调节，而且要具有良好的入土和切土能力。

根据开沟器的入土角不同，可分为锐角开沟器和钝角开沟器两大类。开沟器的开沟工作面与地平面的夹角即入土角。锐角开沟器的入土角 $a<90°$，通常有锄铲式、船形铲式和芯铧式；钝角开沟器的入土角 $a>90°$，通常有靴鞋式、单圆盘式和双圆盘式（图 2-3）。

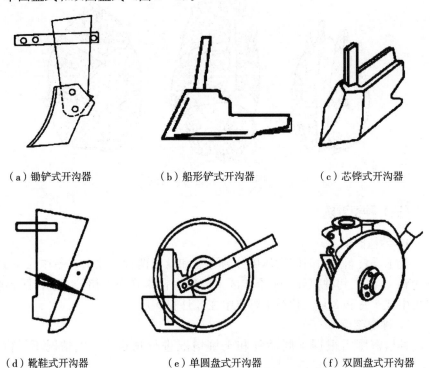

| （a）锄铲式开沟器 | （b）船形铲式开沟器 | （c）芯铧式开沟器 |

| （d）靴鞋式开沟器 | （e）单圆盘式开沟器 | （f）双圆盘式开沟器 |

图 2-3 马铃薯种植机常用开沟器类型

当前马铃薯播种机多采用锄铲式开沟器，该种开沟器结构简单，易于制造，有自行入土趋势，开沟效果较好。本章介绍的马铃薯精密种植机设计的分层施肥开沟器，开沟深度可调，下层排肥管在土壤底层播撒肥料，上层排肥口的弧面设计能够将肥料进行左右两侧分施，该方式能更好地将肥料播撒到靠近作物生长前期的根系位置，促进作物对养分的吸收效率，设计的 V 形防堵结构，可以有效防止施肥口下部壅土。2CM-SF 型马铃薯播种机采用组合式开沟器，铲尖采用翼型铲，铲柄为弧形双面刃，具有更好的切土开沟性能。肥料经软管导向流入开沟器的左、右两个下肥管，撒入沟内，下层土壤回流对肥料进行覆盖。马铃薯育种试验播种机选择芯铧式开沟器，开沟深度较大，沟底平整，下方增设清沟棒，在将种沟中的秧蔓、杂草等杂物清除的同时，减小了开沟器与土壤的接触面积，降低了开沟阻力，另外还可进行开沟深度的调节，以满足不同的播种需求。

（五）施肥作业

由于马铃薯是匍匐茎，根系多为横向伸展，若在种子正下方施肥，肥料融化之后继续向下渗透，根须无法充分吸收肥料。因此，马铃薯施肥通常采用侧向施肥，肥料位于种子下方 5～8cm、位于种子侧向 10～15cm。

马铃薯播种机的施肥机构主要由肥箱、传动机构、排肥装置、肥量调节机构、施肥开沟器等部件构成。播种机作业时，施肥机构可精准定量施肥，有利于肥料的高效利用。马铃薯施肥机构通过支架固定在机架上，工作时由传动机构将动力传递给肥箱内的搅动机构，肥箱内的肥料经绞龙充分搅拌后从落料口推送到排肥装置内。排肥装置具有排量均匀、施肥量调节灵敏精准的特点，作用是把肥料向两侧推送，通过施肥开沟器将肥料输送到苗带两侧指定的位置，完成施肥。

马铃薯种植机现用的排肥器主要有外槽轮式和螺旋搅龙式两种（图 2-4）。外槽轮式排肥器主要应用在小型马铃薯种植机上，螺旋搅龙式排肥器主要应用在大中型马铃薯种植机上。外槽轮式排肥器结构简单、使用方便，本章所介绍

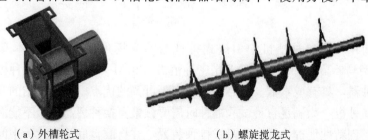

　（a）外槽轮式　　　　　　　（b）螺旋搅龙式

图 2-4　马铃薯种植机常用排肥器类型

的几类马铃薯种植机均采用外槽轮式排肥器。

（六）排种作业

马铃薯播种机排种作业由排种装置完成，排种装置通常包括种箱、传动机构及排种器。作业时，传动机构负责传递动力，使种箱内的种薯经排种器输送至开好的种沟内。排种器的性能直接影响着马铃薯播种作业的重播率、漏播率及作业效率等关键指标，因此排种器是马铃薯播种机的核心部件。

按照排种器的工作原理不同，可将其分为气力式排种器和机械式排种器。气力式排种器包括气吸式、气吹式和气压式排种器，机械式排种器主要有勺带式、勺链式、勺盘式、指夹式、针刺式和输送带式，常见的排种器如图2-5所示。

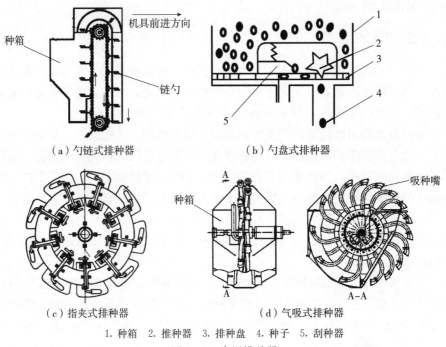

（a）勺链式排种器　　　　　　　（b）勺盘式排种器

（c）指夹式排种器　　　　　　　（d）气吸式排种器

1. 种箱　2. 推种器　3. 排种盘　4. 种子　5. 刮种器

图2-5　常用排种器

当前在马铃薯种植机中勺链式排种器的应用最为广泛，如本章介绍的2CM-4型马铃薯播种机、马铃薯精密种植机、2CM-SF型马铃薯播种机均采用此类排种器，具有成本低、可靠性高、间距可调的优点。本章介绍的马铃薯育种试验播种机，为满足育种试验播种时需要频繁更换种薯品种且不能混种的农艺要求，创新性地提出圆台格盘式排种装置，并将圆盘底板设计为中间高、四周低的圆台式，以保证种薯的落种点相同。另外，研发的2CMZ-2（2CMZY-2）

自走式马铃薯带芽播种机，排种方式为针刺式，需人工将带芽种薯直立插在取种针上，当取种针转动到种沟沟底时，种薯在土壤阻力及取种针的作用下被置留于种沟，完成排种。

（七）起垄覆土作业

马铃薯种植采用垄作栽培的方式，可有效避免土壤板结，有利于集中深施肥料，并使种薯扎根稳定、生长发达。因此，起垄覆土作业是马铃薯播种机的重要环节，常见的起垄器有芯铧式、刮板式和双圆盘式3种类型。

双圆盘起垄机构，其两套圆盘起垄器分别挂接在起垄机构深度调节装置上，位于机组的左右两侧，如图2-6所示。圆盘切土深度和起垄大小可通过调整起垄机构深度调节装置上的弹簧压力来实现，两个圆盘的偏置角度均可调，作业时边旋转边刮土起垄，并覆盖种薯，是目前马铃薯播种机较为常用的起垄装置，本章介绍的几种机型，除自走式马铃薯带芽播种机外均采用此方式起垄。

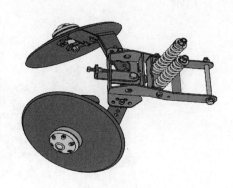

图2-6 双圆盘起垄机构

针对土壤颗粒间隙过大、垄形松散等问题，起垄装置常伴随着镇压机构，位于圆盘起垄机构的后方，利用自重进行二次整形镇压，对土垄进行修整和压实，减少水分蒸发，有利于种薯吸收养分。

（八）覆膜及膜下滴灌作业

在马铃薯播种作业中，快速覆膜可防止种薯受风失水、遭遇冷害。覆膜装置通常由挂膜架、压膜轮和覆土盘组成，三者均成对使用。

挂膜架是地膜在马铃薯播种机上的安装支架，播种机前进时，悬挂在挂膜架上的地膜滚动覆膜，将地膜覆于垄面。压膜轮的作用是将覆于垄面的地膜适当张紧，使其紧贴垄面。覆土盘的作用是刮起地表少量土，将地膜边压紧，完成覆膜。

滴灌装置通常由滴灌管支架、引导轮、滴灌管道等构成，装置置于覆膜装置前。马铃薯播种机在开展覆膜作业的同时，滴灌管支架上的滴灌管道经引轮引导铺设在垄台上面，并被压在地膜下面，压膜轮在铺展的地膜两边滚压，使地膜紧贴地垄表面，完成膜下铺设滴灌管道工序。

二、马铃薯大田播种机研发机型

（一）2CM-4 型马铃薯播种机

为满足我国马铃薯大面积机械化播种作业需求，结合黄淮海马铃薯产区种植模式特点和农艺要求，设计一种 2CM-4 型双垄四行马铃薯播种机。该机主要由机架总成、整地装置、地轮动力驱动装置、施肥装置、排种装置、覆膜装置、开沟器等组成，可一次性完成开沟、施肥、播种、起垄和覆膜等作业，如图 2-7 所示。

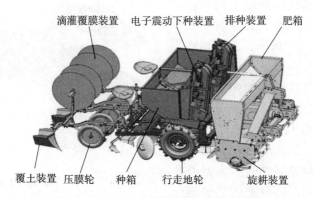

图 2-7　2CM-4 型马铃薯播种机整机结构

1. 工作原理

2CM-4 型马铃薯播种机，外形尺寸长 3 750mm、宽 2 140mm、高 1 720mm，作业参数双垄四行，垄距可在 750～950mm 范围内调节，株距可在 200～400mm 范围内调节。

本机采用后三点悬挂连接，机具作业时先由前置的整地装置将车辙旋松，然后进行开沟；根据设定的传动比，地轮驱动排种、施肥机构分别带动勺式排种装置和外槽轮式排肥装置，舀取种子、化肥，经过种勺和施肥管，落入开沟器沟底，培土犁随后进行覆土，最后进行覆膜作业。该机将各部分装置进行模块化设计，既可进行联合作业，也可根据需求进行模块化选择作业。

2. 关键装置

（1）施肥装置

施肥装置由肥箱、排肥轴、外槽轮排肥器、调节手柄、施肥导向管和施肥开沟器等组成，动力由地轮通过链传动提供。肥箱安装在整体装置上方，外槽轮排肥器排出的肥料经施肥导向管落在施肥开沟器开出的沟内。施肥开沟器采用尖铲式，在每一垄中心位置设置一个施肥开沟器。可通过改变施肥开沟器的安装高度调节施肥深度，通过调节外槽轮的工作长度调整施肥量的大小。

外槽轮式排肥器排量 q 计算如下：

$$q = q_1 + q_2 = \pi dL\gamma\left[\frac{\alpha(n)f}{t} + c_n(n)\right] \qquad (2\text{-}1)$$

式中，q_1 为排肥器每转强制层的排肥量（g）；q_2 为排肥器每转带动层的排肥量（g）；d 为外槽轮直径（mm）；L 为外槽轮工作长度（mm）；γ 为肥料容重（g/L）；n 为排肥轴转速（r/min）；$\alpha(n)$ 为肥料对凹槽的充满系数，一般取值在 $0.60\sim0.78$；f 为每个凹槽的端面积（mm^2）；t 为凹槽的节距（mm）；$c_n(n)$ 为带动层特性系数，与转速有关。

（2）排种装置

排种装置为播种机的核心部件，主要由排种链条、种箱、振动清种机构、取种碗、排种导向管和播种开沟器等组成。排种装置采用交叉投取种方式，每条链条上配置 36 个取种勺，同时配以辅助振动器，保证每个取种碗中有一个种薯，如图 2-8 所示。排种机构和种箱均安装在肥箱后方，由种箱舀取出的种薯经排种机构和导向管至垄沟内，完成排种作业。

排种机构的工作原理为：排种时种薯受重力作用流动到种箱底部的充种区，充种区一侧的排种链向上运动，链上的取种勺依次舀取 $1\sim2$ 颗种薯，运动过程中由振动清种装置清除多余种

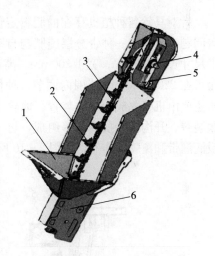

1. 种箱　2. 取种碗　3. 传动勺链
4. 传动轴　5. 振动清种机构　6. 护种外壳
图 2-8　排种机构单体结构

薯，种勺到达最高点翻越主动轮后，种薯下落至前一种勺的勺背上，上下相邻的两种勺与导种管形成相互独立的空间，保证每个勺背上只有一颗种薯；种勺携带种薯运动至投种点，种勺绕着从动轮向上翻转进入下一循环，种薯失去支持力，下落至种沟底部，完成排种。

关于种勺的设计，其直径主要根据种薯长度确定，深度由种薯厚度确定，为保证 80% 左右的种薯能顺利被舀取，设计种勺深度小于种薯厚度的 0.6 倍，勺端部略高于两侧，如图 2-9 所示。经测量切块薯尺寸，最终确定种勺形状近似小半球形，最大直径为 50mm，深度为 16mm，端部最大高度为 25mm；

为了进一步去除杂质，在取种勺底部设计了直径 20mm 的通孔。

样机田间试验结果表明，该机性能稳定、作业效果较好，种薯间距合格指数为 95.0%，重种指数为 2.7%，漏种指数为 2.3%，种植深度合格率为 91.1%，各行排肥量一致性变异系数为 6.5%，总排肥量稳定性变异系数为 5.2%，各项性能指标均优于马铃薯播种相关要求。

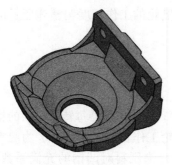

图 2-9　种勺结构

（二）马铃薯精密种植机

针对马铃薯种植机存在的肥料定位不准确、漏种指数偏高和智能化程度低等问题，研制出一种带分层施肥与自动补种功能的马铃薯精密种植机。整机外形尺寸长 2 600mm、宽 1 300mm、高 1 600mm，作业参数为单垄双行，种植行距可在 220～280mm 范围内调节，种植株距可在 150～400mm 范围内调节。该机主要由机架总成、整地装置、地轮动力传动装置、施肥装置、排种装置、覆膜装置、开沟器、扶垄器等组成，可一次性完成开沟、施肥、播种、起垄、铺设滴灌带和覆膜等作业，如图 2-10 所示。

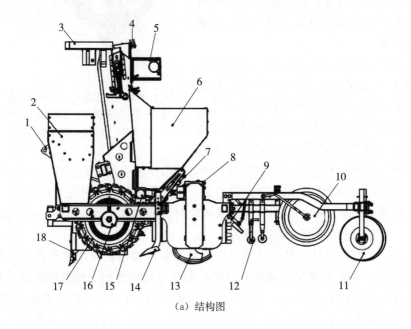

(a) 结构图

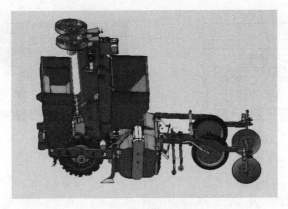

(b) 三维模型图

1. 悬挂装置 2. 施肥装置 3. 自动补种装置 4. 漏种检测装置 5. 排种链电驱装置
6. 排种装置 7. 防架空搅种装置 8. 变速箱 9. 垄顶刮平装置 10. 压膜轮
11. 覆土装置 12. 覆膜装置 13. 旋耕起垄装置 14. 清沟装置
15. 搅种用电驱装置 16. 测速装置 17. 行走系统 18. 分层施肥装置

图 2-10 马铃薯精密种植机整机结构

1. 工作原理

马铃薯精密种植机与拖拉机挂接，排肥、搅种和排种系统由直流伺服电机提供动力，其转速通过地轮测速装置和可编程逻辑控制器（PLC）控制系统进行调节；补种系统通过步进电机提供动力；旋耕起垄装置通过拖拉机动力输出轴经变速箱减速后提供动力。

马铃薯精密种植机的工作流程为：当拖拉机前进时，地轮转动，测速装置测取地轮转速，将信号传送至 PLC 控制系统，PLC 通过转速匹配关系，控制电机（搅种用、排肥用及排种链直流伺服电机）的转速。电动排肥器转动，实现排肥作业，通过控制转速以调节施肥量大小，肥料经排肥管进入开沟器，实现肥料的上下分层分施和上层的左右分施。同时，电机带动排种链从种箱中舀取种薯并向上运动，当勺碗到达最高点时翻过驱动链轮，种薯掉落到前一个勺碗背面，继续运动直至种薯掉落种沟内为止。漏种检测装置实时检测漏种情况，若出现漏种，PLC 将控制自动补种装置进行补种。旋耕起垄装置、垄顶刮平装置、覆膜覆土装置等依次完成后续作业。

2. 技术手段

（1）分层施肥技术

施肥装置为马铃薯精密种植机的关键装置之一，主要由悬挂架、组合式分层施肥开沟器、电动排肥器和肥箱等组成，如图 2-11 所示。根据马铃薯的需肥规律和根系分布特点，提出一种分层施肥方案，可在播种的同时进行上、下层分层施肥，并使上层肥料实现左右分施功能，提高肥料利用率。

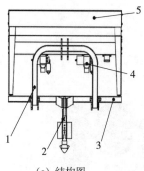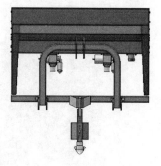

（a）结构图　　　　　　　　（b）三维模型图

1. 悬挂架　2. 组合式分层施肥开沟器　3. 机架　4. 电动排肥器　5. 肥箱

图 2-11　分层施肥装置整体结构

为实现肥料分层分施，设计一种深度可调的滑刀式分层施肥开沟器，主要由前铲体、分土板、安装连扳、上层导肥管、下层导肥管、曲面分肥盒、V形防堵口等组成，如图 2-12 所示。分层施肥开沟器安装在种植机排肥器下机架上，通过安装连接板上部定位孔，调节上层开沟施肥深度；上层导肥管底部设计的特定 V 形防堵结构，可以有效防止施肥口下部雍土；下层导肥管和曲面分肥盒通过其背面焊接的带孔连接板与上层导肥管后面焊接的连接板通过螺栓连接，并可调整下层施肥深度。

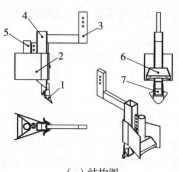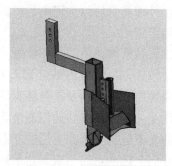

（a）结构图　　　　　　　　（b）三维模型图

1. 前铲体　2. 分土板　3. 安装连扳　4. 上层导肥管　5. 下层导肥管

6. 曲面分肥盒　7. V 形防堵口

图 2-12　分层施肥开沟器示意图

通过田间排肥性能试验，得出以下结论：试验过程中开沟器理论开沟深度为 20cm，经测量该开沟器实际平均开沟深度为 19.1cm；下层基肥施在离沟底很近的层面，平均深度为 18.1cm；上下层肥料平均间距为 9.2cm；上层种肥平均深度为 8.9cm；下层基肥平均宽度为 2.9cm；上层种肥左侧平均宽度为 2.1cm、上层种肥右侧平均宽度为 2.0cm。开沟器整体作业性能稳定，基本满足作业需求。

（2）基于激光反射传感器的实时漏种检测技术

漏种检测装置由排种链、勺碗、支架和一对激光反射传感器等组成，传感器通过支架安装在种筒板上，距离排种链、勺碗5cm左右位置处，如图2-13所示。

利用激光反射传感器的反射效应，一对激光反射传感器分别检测勺碗和种薯，其工作原理为：工作过程主要利用激光反射传感器的反射原理，排种链带动勺碗运动，两组传感器分别对种薯和勺碗进行检测，当两组传感器同时被阻挡时证明勺碗中有种薯；当两组传感器中的其中一组被阻挡而另一组没被阻挡时，证明勺碗中没有种薯，即判定为漏种。

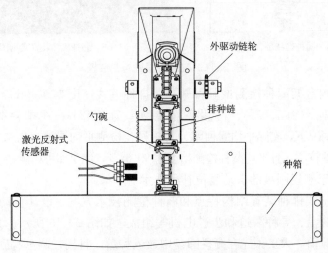

图2-13　漏种检测装置及传感器安装位置

漏种检测控制系统软件控制算法部分，主要利用红外漫反射激光光电开关高速度、高精度检测运动物体变换成电平信号送入可编程控制器，控制器高速检测脉宽信号，以此准确判断排种链、勺碗有无种薯目标。具体实现原理如下：每一排排种链设置两个反射式激光传感器，在传送较小的延迟下可把开关量信号送入至可编程控制器内部处理。通过非接触式测量用第一个激光传感器检测每一个勺碗的到达，利用两个激光传感器的配合作用感应勺碗内有无种薯。

在实际作业中，由于受种薯形状（扁平种薯）和在勺碗中的位置偏后的影响，激光反射传感器在种薯经过瞬间检测不到，出现漏种检测误差。为了解决上述问题，对检测装置进行了改进，如图2-14所示。

考虑到后续补种作业，将检测装置整体上调，并将检测传感器更换为尺寸较小的型号，其检测原理与原来相同，只是由1组传感器变为3组，3组传感器横向并列，实际安装位置可调。当前面传感器和后面任意1组，或任意2组或后面3组传感器同时检测到物体时，证明勺碗中存在种薯，反之则为漏种。改进后的方案增大了传感器横向检测范围，避免误判情况，提高了检测精度。

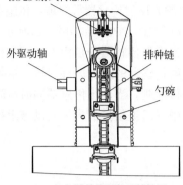

（a）漏种检测装置结构图 　　　（b）漏种检测装置实物图

图 2-14　改进后漏种检测装置

经过室内台架漏种检测试验可知，在排种链线速度为 0.30m/s 的情况下，实际平均漏种率为 7.05%、检测平均漏种率为 7.42%；在排种链线速度为 0.35m/s 的情况下，实际平均漏种率为 9.01%、检测平均漏种率为 9.37%；两组试验检测误差较小，且平均漏种检测精度为 99.64%，满足漏种检测精度要求。

（3）基于栅栏圆盘的自动复位补种技术

根据勺链式排种装置结构特点和漏种检测技术方案，设计自动补种装置，主要由栅栏圆盘、导种滑道和步进电机等组成，如图 2-15 所示。其工作原理为：机具作业前，人工预先在栅栏圆盘中放入种薯，且栅栏圆盘有固定漏种口，当漏种检测装置检测到勺碗中无种薯时，发出漏种信号给 PLC 控制系统，PLC 控制步进电机转动特定角度，并带动栅栏圆盘转动，种薯从圆盘中漏下，经补种滑道落入缺种勺碗内，实现补种作业。补种系统控制流程如图 2-16 所示。

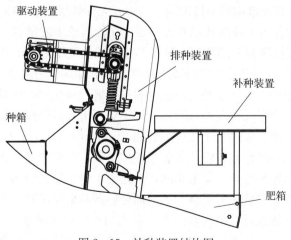

图 2-15　补种装置结构图

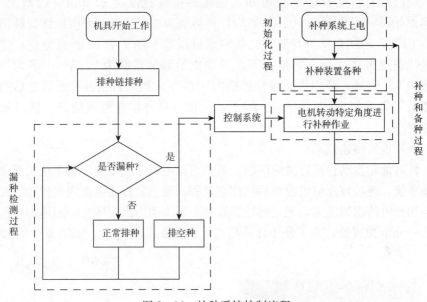

图 2-16　补种系统控制流程

经调试发现，由于补种圆盘自身精度和质量问题，转动时易出现卡顿现象，转动角度出现较大误差。为避免以上现象发生，提出利用 3D 打印技术对补种格盘重新试制加工，材质为光敏树脂，优化后的补种圆盘转动角度控制精准，整体转动效果较好。另外，受导种滑道和种薯形状不规则的影响，种薯下落时出现卡种现象，为了克服这个问题，并遵循缩短漏种检测装置与补种装置间距离的原则，提出将补种装置调至排种装置上部，使落种口正对排种装置导种筒，补种装置安装在距离漏种检测装置 1.5 个勺碗间距位置，优化后补种种薯下落流畅，如图 2-17 所示。

（a）3D 打印补种格盘

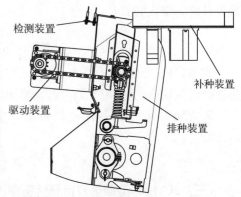

（b）补种装置上调位置

图 2-17　补种装置试制与安装

经过室内台架补种试验可知，在排种链线速度为 0.30m/s 的情况下，平均原始漏种指数为 7.80%，平均补种指数为 92.27%，平均最终漏种指数为 0.61%，增加自动补种装置之后的漏种指数下降了 7.19 个百分点；在排种链线速度为 0.35m/s 的情况下，平均原始漏种指数为 9.33%，平均补种指数为 92.64%，平均最终漏种指数为 0.69%，增加自动补种装置之后的漏种指数下降了 8.64 个百分点。综上，此设计补种作业性能较好，满足相关作业要求。

（4）地轮测速技术

针对地轮传动存在打滑的问题，采用直流电机取代传统地轮驱动及复杂链传动系统，通过直流电机控制后续作业过程。测速装置主要由测速齿轮、安装支架和光电传感器组成，光电传感器通过安装支架固定安装在距测速齿轮齿定面 5～8mm 位置处，为了便于计算测速齿轮齿数选取 30 齿，如图 2-18 所示。

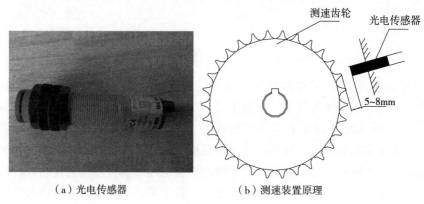

（a）光电传感器　　　　　　（b）测速装置原理

图 2-18　测速装置结构与原理

地轮带动测速齿轮旋转，当齿靠近光电开关时产生脉冲信号，然后通过计数器计算，带入公式：

$$V_{测} = \frac{\pi D N_p}{1\,000 T N_c}\tag{2-2}$$

式中，$V_{测}$ 为地轮速度（m/s）；D 为地轮直径；T 为计时周期（s）；N_p 为在计时周期内的脉冲个数；N_c 为测速齿轮齿数。

考虑到实际作业中有地轮打滑，实际速度 V 还应考虑地轮打滑系数 α，即：

$$V = \alpha \times V_{测}\tag{2-3}$$

（三）2CM-SF 型单垄双行马铃薯播种机

针对马铃薯播种作业中普遍存在的肥料使用不合理，以及漏播率较高的问题，以单垄双行马铃薯播种机为平台，设计一台集分层施肥及漏播补种功能的马铃薯播种机。该机主要包括施肥装置、排种装置、漏播检测装置、自动补种装置、电控装置、旋耕起垄装置和覆膜装置，如图 2-19 所示。

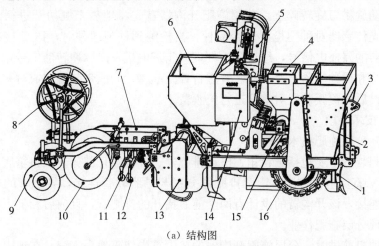

（a）结构图

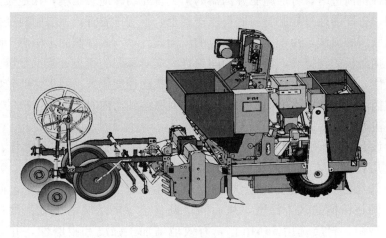

（b）三维模型图

1. 开沟器　2. 肥料箱　3. 悬挂架　4. 补种箱　5. 排种装置
6. 种箱　7. 覆膜架　8. 滴灌带架　9. 覆土盘　10. 压膜轮　11. 压膜辊　12. 挂膜架
13. 旋耕起垄装置　14. 电控箱　15. 步进电机　16. 地轮

图 2-19　马铃薯分层施肥与漏播补种播种机

1. 工作原理

单垄双行马铃薯分层施肥与漏播补种播种机，外形尺寸长 2 660mm、宽 1 140mm、高 1 560mm，作业参数为单垄双行，垄距可在 100～130mm 范围内调节，行距可在 150～200mm 范围内调节，株距可在 150～300mm 范围内调节。

单垄双行马铃薯分层施肥与漏播补种播种机工作时，按下触摸屏的"启动"按钮，漏播检测与自动补种系统开始工作。将播种机采用悬挂的方式挂接在45马力的拖拉机上，拖拉机后动力输出轴与旋耕装置的变速箱连接，经变速后推动旋耕刀旋转碎土。分层施肥开沟器首先将地表土壤切开进行分层施肥，激光传感器对种勺检测是否漏种，当检测到种勺缺种时，PLC接收到来自传感器的漏播电信号，经过分析处理对步进电机发出脉冲转动信号，完成补种。施肥和播种后紧跟着旋耕装置进行碎土起垄，滴灌带装置完成对垄面的滴灌带铺设后，覆膜装置对垄面进行覆膜覆土。

2. 技术手段

（1）分层施肥技术

排肥装置主要包括肥料箱、电动排肥器、开沟器几部分。肥料箱底部安装两个12V直流电机排肥器，两排肥器分别与导肥软管连接，导肥管的末端与排肥管连接，该开沟器的设计有两个前后错开的排肥管，且前后和上下间距可调，实现分层施肥作业。

播种机前进时，分层施肥开沟器的铲尖首先切碎地表土壤，在地表上划出一道沟；排肥器通过导肥管将肥料输送到上、下层排肥管，下层肥料经排肥口播撒到底层肥料沟，由于下层挡土板的斜面设计，沟底两侧的土壤由于瞬间失去下层挡土板的支撑力，快速向中间聚拢完成对基肥的覆土；依据土壤上层松软的特性，开沟器在进行开沟时上层土壤的扰动程度较大，回土性能较好，因此上层挡土板设计成水平面型，在上层肥料撒落到沟内时，两侧松散的土壤颗粒能够快速回土，完成对肥料的覆土。

所设计的可调式分层施肥开沟器，主要由铲柄、下层排肥管、调节板、上层排肥管、上层挡土板、下层挡土板、铲尖等组成（图2-20）。下层排肥管与铲柄焊接，铲柄上端的4个开孔便于与播种机械固定，间隔开孔可以调整铲柄的入土深度，从而间接调整了下层基肥的施肥深度；铲尖采用翼型铲，材质选用65Mn钢，有效地增加了强度和耐磨性，并与铲柄下端焊接；铲柄为弧形双面刃，具有更好的切土开沟性能，同时降低了开沟作业阻力。下层挡土板防止两侧土壤进入下层排肥口造成堵塞，上层排肥管和下层排肥管用螺栓连接，上层挡土板固定连接在铲柄上。上、下层排肥管间的连接板有一排固定孔，使得两排肥管前后和上下间距均可调，上下垂直间距可调范围为120～140mm，前后水平间距可调范围为70～80mm。

为深入分析分层施肥开沟器在破土开沟施肥作业中的受力情况，开沟器在EDEM中完成分层施肥仿真试验后，将开沟器分层施肥作业的数据另存为Ansys Workbench. dat。

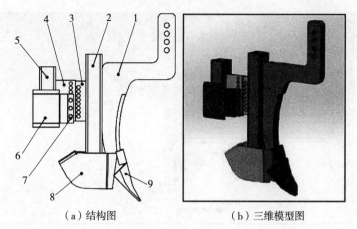

（a）结构图　　　　　　　　　（b）三维模型图

1. 铲柄　2. 下层排肥管　3. 前调节板　4. 后调节板　5. 上层排肥管　6. 上层挡土板
7. 螺栓　8. 下层挡土板　9. 铲尖

图 2 - 20　可调式分层施肥开沟器

建立 EDEM 与 Ansys 链接端口，将存储数据导入 Result 中，并对其进行数据更新；建立 Static Structural 力学分析端口，将数据端口与 Setup 相连接完成数据共享；将分层施肥开沟器的三维模型导入 Geometry 中。然后，双击 Model 进入静力学分析窗口。

在建模与分析界面可直接插入"Pressure"力学指令，然后对开沟器在施肥作业中与土壤直接接触的面进行选取，待所有接触面选择完成后，对开沟器的受力面进行计算处理，通过软件的数据分析计算，得到如图 2 - 21 和图 2 - 22 所示的受应力情况。

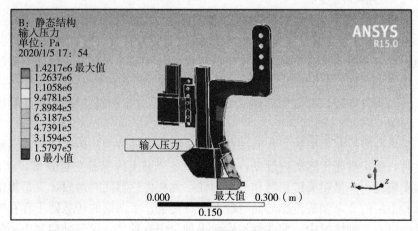

图 2 - 21　开沟器应力色阶图

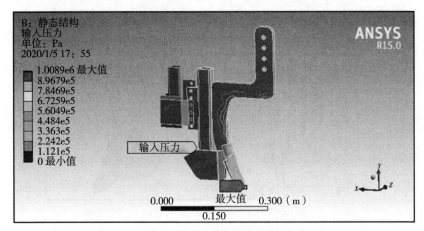

图 2-22　开沟器应力等值线图

通过软件的静力学分析可知，分层施肥开沟器所受的应力最大点在翼型铲的铲尖，其最大应力值约为 135.8MPa，铲尖采用 65Mn 钢材质，完全能够满足强度要求。该分析结果与开沟器在 EDEM 中的分层施肥运动学分析相一致。另外，铲柄的弧形面受土壤阻力较大，因此在改进开沟器结构时，对铲柄的弧面进行开刃和热处理，减小切土阻力、增强耐磨性。

通过两因素响应曲面分析，得出最优组合为播种机前进速度 0.43m/s，排肥管前后间距 80mm，排肥口上、下间距 130mm，其上、下层施肥间距变异系数为 1.175%；通过马铃薯分层施肥播种试验，得出分层施肥相比于传统单层施肥模式，马铃薯产量有较大的提高，且当上、下层施肥比例为 3∶7 时，马铃薯产量最高。

（2）漏播检测技术

针对马铃薯播种作业中的漏播问题，开发了漏播检测装置，采用"三角形"组合式激光反射传感器漏播检测方法，实现对种勺缺种连续性检测。漏播检测装置主要由 3 个漫反射激光传感器组成，分别是 1 个粗头、2 个细头的漫反射激光传感器。2 个细头传感器水平间隔安装，粗头传感器与细头传感器在垂直方向间隔安装，垂直间距略大于种勺厚度，对排种链上种勺进行漏播检测，如图 2-23 所示。

漏播检测控制系统的工作原理是，当排种链带动种勺从传感器的检测路径经过时，粗头激光传感器被触发，由于上层 2 个细头传感器左右分布，存在 3 种触发情况：一是粗头传感器和上层的任一细头传感器同时触发，二是粗头传感器和上层的 2 个细头传感器同时触发，三是上、下两层的传感器不存在同时触发。以上 3 种情况中，前两种均检测出种勺中有种薯，第三种检测出种勺出现漏种。

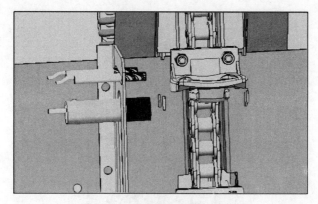

图 2-23 漏播检测传感器安装

在田间试验中，设定马铃薯播种株距为 200mm，此次试验实际播种株距超出设定株距 50%，即播种株距大于 300mm，则判定出现漏播。当排种链转速在 30r/min 时，漏播检测精度达到了 90% 以上，最高值为 92.31%。

（3）自动补种技术

自动补种装置主要包括补种箱、步进电机、排种槽轮。马铃薯通常采用切块种薯进行补种，其形状、质量差异较大，很难设计出一种适应于切块种薯的补种机构。因此，选取质量轻、形状较规则的微型种薯作为补种薯，针对其三轴几何尺寸，设计了一种型孔式微型薯补种轮。

该型孔式微型薯补种轮整体为圆柱形结构，采用重量较轻的尼龙材质。外圆直径为 120mm、厚度为 90mm，在补种轮外圆向内的两侧开有宽度为 8mm 的环形槽，便于与补种箱落种口配合定位，并起到导向作用，如图 2-24 所示。该补种轮共开有 5 个型孔，主要是为配合步进电机 1.8° 步距角，降低步进电机连续补种动作的位置偏差。

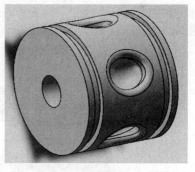

图 2-24 型孔式微型薯补种轮

当传感器检测到种勺缺种出现漏播时，PLC 对漏播信号进行处理，向步进电机发出脉冲信号，步进电机接收到脉冲指令，带动补种轮转动 72°，将型孔中的微型种薯投放至滑道，经滑道到达缺种位置，完成补种作业。

马铃薯漏播检测及自动补种装置如图 2-25 所示。通过二因素五水平室内补种性能试验得出，补种装置的平均补种率达 80% 以上；通过马铃薯播种机田间播种试验得知，马铃薯平均漏播率为 1.82%，自动补种装置的平均补种率为79.04%。

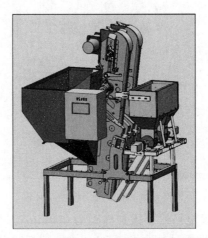

图2-25 马铃薯漏播检测及自动补种装置

(四) 2CMZ-2 (2CMZY-2) 自走式马铃薯带芽播种机

针对我国二季作区马铃薯种植作业环节对小型化自走式种植机械的迫切需要,开发了一款2CMZ-2 (2CMZY-2) 自走式马铃薯带芽播种机。该机由机架、悬挂装置、施肥装置、施药装置、播种装置、覆土起垄装置、埋管覆膜装置等组成,是一种集开沟、施肥、施药、种植、覆土、埋管、覆膜等功能于一体的种植机械,如图2-26所示。

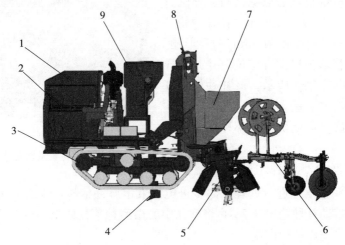

1.动力机构 2.操纵机构 3.行走机构 4.开沟器 5.起垄机构 6.覆膜滴灌装置
7.种箱 8.播种器 9.肥料箱
图2-26 自走式马铃薯带芽种植机总体结构

1. 工作原理

2CMZ-2（2CMZY-2）自走式马铃薯带芽播种机，以柴油机为动力，采用履带行走驱动方式，中间设置三点悬挂装置和动力输出装置，三点悬挂装置上方设肥料箱、后侧设播种器，播种器下方设开沟器、后方设工作人员座椅，座椅下方设起垄装置。施肥器由施肥电机带动，动力由单侧履带传动，起垄器由动力输出轴传动。

播种机作业时，由驾驶员操纵种植机前行，开沟器位于播种器的前侧，排下的肥料通过输肥管撒进开出的沟槽内，且位于薯种的两侧下方；排种装置为针刺式，用以对带芽马铃薯种进行定向排种，其转动方向与机器前进方向相反，当取种针转动到机器后方时（机器前进方向为正面），由人工将带芽薯种芽朝上插于取种针上，取种针携带薯种继续向下运转直至接触地面，靠取种针与地面对薯种的相互作用力将薯种留置种沟内；后方的起垄装置随即将种薯两侧的土壤抛起起垄将种薯覆盖，此连贯过程就完成了施肥、播种、起垄的作业过程。

2. 关键装置设计

（1）排种装置

针对马铃薯切块后形状复杂、大小尺寸差异性较大，难于实现单粒取种，而薯种催芽后传统机械式取种方式易使苗芽触断，且难于实现芽苗立直朝上种植等问题，此处采用针刺式排种原理实现对马铃薯带芽定向的种植。

定向排种结构及原理：排种方式为针刺式，其转动方向与整机前进方向相反。取种针按一定距离均匀分布并固定在排种链上，通过张紧装置对链条进行预紧，防止链条松动，以保证株距，如图2-27所示。当取种针转至正对操作者时，由人工将带芽薯种立直插在取种针上，随着排种链继续转动，当取种针携带芽薯种转动到种沟沟底临界状态时，带芽薯种在土壤阻力及取种针的作用下被置留于种沟，依次循环。

（2）排肥装置

针对实际排肥作业时排肥量变异系数较大的问题，选用由伺服电机驱动的外槽轮式排肥器，电机驱动的外槽轮转速更加稳定，并且可

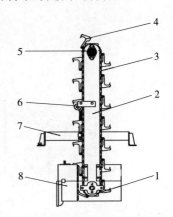

1. 排种链轮　2. 支撑架　3. 排种链
4. 取种针　5. 排种链轮
6. 张紧装置　7. 机架　8. 开沟器
图2-27　定向排种装置

根据施肥量的需要，实时调整槽轮转速，实现变量施肥。

外槽轮式排肥器工作时，槽轮中的肥料在槽轮的带动下强制排出，带动层

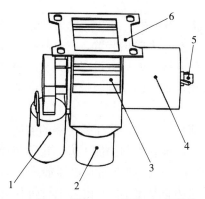

1. 电机　2. 排肥口　3. 槽轮　4. 调节轮
5. 调节螺母　6. 安装座

图 2 - 28　外槽轮式排肥器

的肥料同时受肥料与肥料、肥料与壳体、肥料与槽轮间的摩擦力，被动排出外槽轮壳体。强制层与带动层的肥料从排肥舌掉入输肥管，然后经过开沟器落入肥料沟，如图 2 - 28 所示。

3. 改进与优化

经过田间试验，样机作业时株、行距较为均匀稳定，株距平均 270mm、行距平均 750mm，施肥深度为薯种以下 50mm，偏置 70mm，薯种入土后芽苗朝上率＞90%，但起垄高度不够，紧靠培土旋耕刀起垄，土量不够、垄型质量差。

针对以上问题，对样机进行优化改进，培土旋耕刀后侧每行增加一副覆土犁，用于二次起垄，增加覆土量，完善垄型。将单侧施肥改为双侧施肥，肥料施于薯种两侧，更利于植株生长；增加排种针的数量和排种链的长度，缓解人工作业强度；增设铺滴灌带和覆膜装置，完善整机功能，如图 2 - 29 所示。

图 2 - 29　改进后实物图

经机械工业农业机械产品质量检测中心（济南）检测，2CMZ-2 自走式马铃薯种植机，整机配套动力 30kW，作业垄数 2 垄、垄距 70.8cm、株距 24.0cm，种植深度合格率 90.0%，重种指数 9.0%，漏种指数 7.5%，种薯幼芽破损率 1.16%，种植深度 12.8cm，纯小时生产率 0.140hm²/h；研制的 2CMZY-2 自走式马铃薯带芽种植机，整机配套动力 30kW，作业垄数 2 垄、垄距 73.3cm、株距 28.0cm，种植深度合格率 91.0%，重种指数 9.5%，种薯幼芽破损率 1.01%，种植深度 13.6cm，纯小时生产率 0.173hm²/h。

三、马铃薯育种试验播种机

针对马铃薯育种播种作业缺少专用机具，人工播种费时费力，作业效率低，以及株距均匀性差导致的育种试验播种效果差、精度低等问题，设计了一种采用圆台格盘式排种装置的马铃薯育种试验播种机。整机主要由主机架、地轮、施肥装置、排种装置、导种装置、覆土装置、座椅、划印器等部分构成，如图 2-30 所示。

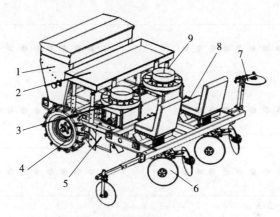

（a）结构图

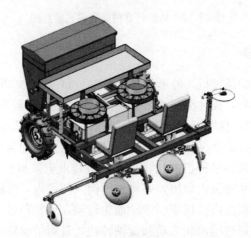

（b）三维模型图

1.施肥装置　2.种薯存放装置　3.排种装置　4.地轮　5.开沟装置
6.覆土装置　7.划线器　8.座椅　9.种薯托盘

图 2-30　马铃薯育种试验播种机

（一）农艺要求

目前国内马铃薯育种试验主要靠人工播种，过程复杂，需要大量劳动力。马铃薯育种试验播种一般为单垄单行、垄距 90cm，无性一代选择播种株距 35～40cm，无性二代与无性三代株距通常为 20cm。在进行马铃薯育种试验时，需设置大量的试验小区，各小区的马铃薯品种不同。以北方一季作区无性三代选择马铃薯育种播种为例，其播种农艺为每个品种播种 10 株，株距 20cm，间隔 1m 播种下一个品种，如图 2-31 所示。

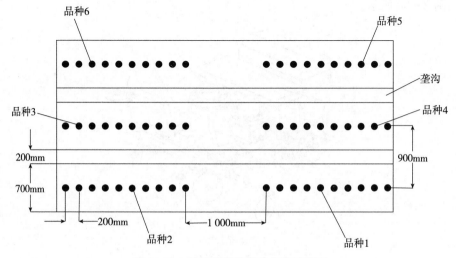

图 2-31　马铃薯育种播种农艺示意图

（二）工作原理

马铃薯育种试验播种机，外形尺寸长 2 300mm、宽 2 200mm、高 1 400mm，作业参数为双垄双行，播种深度可在 100～200mm 范围内调节，垄距可在 700～900mm 范围内调节，株距可根据实际需要选择 100mm、200mm、400mm。

播种作业前，提前将马铃薯种薯按照试验所需要的种类与数量装袋，放入种筐内，将种筐放置在播种机的托盘上。播种作业时，操作人员坐在座椅上，将装有种薯的袋子从种筐内取出，并将种薯倒入托盘内，再依次放置到圆盘每一个栅格内。播种机由拖拉机牵引带动地轮转动，地轮轴通过链轮带动格盘横梁转动，格盘横梁通过锥齿轮带动圆盘轴转动，进而带动格盘转动。当栅格与导种管的落种口对齐时，种薯在自身重力的作用下，掉落至开沟器开出的种沟内，之后覆土圆盘进行覆土。完成一袋种薯的播种后，进行下一个品种的播种。

（三）技术手段

1. 圆盘式排种装置

圆盘式排种装置为马铃薯育种试验播种机的核心装置，主要由圆盘底板、圆盘外圈、圆盘内圈、圆盘隔板、中心轴、轴承等部分构成，如图 2-32 所示。

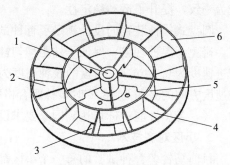

1. 中心轴　2. 圆盘底板　3. 落种口
4. 圆盘隔板　5. 圆盘内圈　6. 圆盘外圈
图 2-32　圆盘式排种装置

圆盘式排种装置由锥齿轮带动，中心轴、圆盘外圈、圆盘内圈、圆盘隔板焊接为一体式，由锥齿轮带动进行旋转运动。播种作业时，操作人员将种薯放置于每一圆盘栅格内，种薯随圆盘转动的同时进行转动，当种薯所在的栅格与底板上的落种口对齐时，种薯在自身重力作用下掉落至垄沟内，排种作业完成。

由拖拉机前进速度 v_1，结合地轮半径 R_1，得出地轮的角速度计算公式为：

$$\omega = \frac{v_1}{R_1} \tag{2-4}$$

则地轮轴的转速 n_1 计算公式为：

$$n_1 = \frac{\omega_1}{2\pi} \tag{2-5}$$

设地轮与圆盘式排种装置的传动比为 i，则圆盘式排种装置的转速 n_2 为：

$$n_2 = in_1 \tag{2-6}$$

圆盘式排种装置的角速度 ω_2 为：

$$\omega_2 = i\omega_1 = \frac{iv_1}{R_1} \tag{2-7}$$

因此，圆盘式排种装置转动一周所需要的时间 t_z 为：

$$t_z = \frac{1}{n_2} = 2\pi \frac{R_1}{iv_1} \tag{2-8}$$

此时株距 D 为：

$$D = \pi \frac{R_1}{6i} \tag{2-9}$$

若种薯离开圆盘底板时位置不同，则会造成种薯的运动轨迹差异较大，影响株距均匀性。为避免上述情况发生，使种薯在到达落种口时的位置一致，提出改进圆盘放置方式的方法，将传统的水平圆盘底板改进为中间高、四周底的倾斜圆台状，选取圆盘底板与水平面间的夹角 α 为 15°，使得种薯的运动位移较为一致，提升了运动稳定性。

圆盘式排种装置的设计满足了育种试验播种时频繁更换种薯品种的农艺要求，避免了混种现象，保证了株距均匀性。通过田间验证试验得出，当拖拉机前进速度为0.14m/s、格盘的投种高度为0.64m、落种口的初始位置与机器前进速度方向的夹角为18.2°时，株距合格率为87.1%，株距均匀性变异系数为13.4%，各项性能指标均达到国家要求设计标准。

2. 小区对齐技术

目前马铃薯育种试验的每一个小区都需要人工划线以保持对齐，考虑到上述问题，本研究提出利用圆盘式排种装置控制播种行长以及过道行长的方案。

以播种4株为例，具体实施方案如下。播种机启动前，在距离地头一定距离处画一条横线，当操作人员与横线对齐时，向圆盘排种器的栅格内放置种薯，记第一颗种薯与横线的距离X。将袋中的4个种薯摆放入圆盘的1～4号栅格内，此时完成一个小区的播种，跳过5～8号栅格不摆放种薯，将第二袋种薯摆入9～12号栅格内，完成第二个小区的播种，以此类推，如图2-33所示。由于此播种机为地轮驱动，株距仅与传动比有关，每2个栅格所播的种薯距离为20cm，因此空出来的5～8号栅格为5个间隔，即为1m，因此未放入种薯的5～8号栅格即为过道长度。播种机完成一整行多个小区的播种后，在距离终点种薯X处画第二条横线，并将第二条横线作为返程时开始放置种薯的起点。综上所述，播种一整块地，仅需要在两端的地头画两条横线，省去了每一个小区都需要划线的烦琐流程，节省了人力物力。

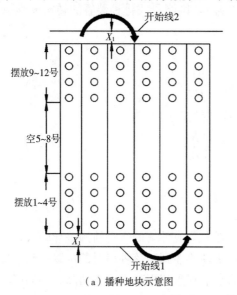

（a）播种地块示意图

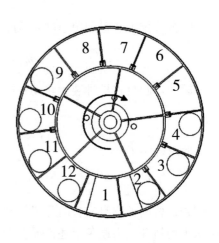

（b）圆盘式排种装置结构图

图2-33　作业流程图

为验证上述行长控制方法的准确性,进行了田间试验,如图 2-34 所示。试验设置每个小区播种 10 株,株距 20cm,间隔道 1m,共播种 5 个×5 个小区。以每个小区摆放 10 颗种薯为例,摆放完 10 颗后间隔 4 个格,继续摆放。按照上述播种方法完成作业后,选取 10 个小区测量每一小区的行长,即第一颗种薯到最后一颗种薯的距离。选取 10 个过道测量其长度。测量每一列第一个种薯、最后一个种薯共 10 颗种薯距离两端地头所划横线的距离以及 10 个相邻小区末端种薯的距离。

图 2-34　小区整齐度田间试验

理论上单个小区行长应为株距×(株数-1),理论过道长度为 1m,理论上每列的首末端种薯距所划横线的距离 x_3 可表示为:

$$x_3 = \left(\frac{1}{2n} + \sqrt{\frac{2h}{g}} \right) \tag{2-10}$$

式中,g 为重力加速度,h 为排种口的高度,n 为转速。按照拖拉机启动行驶一小段距离,速度稳定后的前进速度为 0.1m/s 时,带入数据得,x_3 的理论值为 1.23m;相邻小区末端种薯的距离 x_4 理想情况下理论值应为 0mm。

小区整齐度试验结果如表 2-1 所示。

表 2-1　小区整齐度试验结果

小区序号	小区行长 x_1/cm	间隔道长度 x_2/cm	种薯与横线 距离 x_3/cm	末端相邻种薯 距离 x_4/cm
1	178	92	119	9
2	182	98	119	11
3	173	108	125	6
4	176	105	128	15
5	180	109	130	19

（续）

小区序号	小区行长 x_1/cm	间隔道长度 x_2/cm	种薯与横线距离 x_3/cm	末端相邻种薯距离 x_4/cm
6	178	103	111	10
7	191	91	127	13
8	172	106	126	17
9	185	108	106	106
10	174	103	104	15
平均值	178.9	102.3	119.5	12.5
最大值	191	109	130	19
最小值	172	91	104	6
极差	19	18	26	13
理论值	180	100	123	0

分析上述试验结果，造成小区行长误差以及小区间隔道长度不一致的原因主要在于，种薯掉落至地面后发生滚动或滑动，导致株距增大或减小。每一列第一颗种薯距离所划横线的距离差别来自工作人员与横线对齐时每个栅格所处的状态不一样，导致一个栅格所走过的时间差大约为 2s，即最大相差距离可达到 20cm，此误差对间隔道直线度影响不大，可以满足育种学家的要求。

四、甘薯移栽机

（一）甘薯种植模式与农艺要求

我国甘薯机械化生产起步较晚，起垄相关规范标准及评价指标尚未制定，甘薯种植模式在不同地区有较大差异，但大多都采用起垄插秧种植，其优点是不仅可以加大甘薯种植深度，有利于排灌，还能有效疏松土层，增加土壤的通透性，同时昼夜温差为甘薯糖分的集聚创造了良好的条件[84]。起垄种植的模式分别有大垄双行、双垄双行和单垄单行。其中，采用单垄单行种植模式多为丘陵山区或较小地块，大垄双行和双垄双行适用于大田作业及大规模种植。

甘薯种植的垄型分为梯形、半圆形，梯形垄更适合机械化起垄和移栽种植，因此在甘薯裸苗移栽时多采用梯形垄种植，常用双垄双行的梯形垄，其具体垄型参数为垄底宽 600mm、垄顶宽 400mm、垄沟宽 200mm、垄高 250mm、垄距 800mm[85]，如图 2-35 所示。

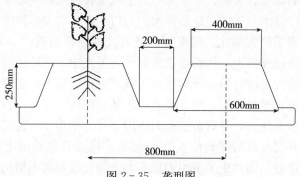

图 2-35　垄型图

各地甘薯的栽插形式多样，实践表明种植方式的不同对产量有很大的影响，根据扦插秧苗的长短、结薯要求的不同，生产中可以分成直插法、斜插法、平插法、船底形插法 4 种常见的插秧方式，不同的插秧方式其薯苗入土后的角度、栽植深度均有区别[33]。

第一，直插法。对于较短甘薯苗，多采用直插法。扦插入土 1~2 节位，其优点是抗旱性好，上节位更容易结大薯，适合生产工业原料对甘薯品质的要求，缺点是甘薯产量较少且结薯大小不均匀，图 2-36（a）所示。

第二，斜插法。将甘薯苗倾斜 45°左右入土深度 10cm，优点是栽培方法操作简单，结薯位置集中且薯块较大，同时抗旱性能较好，缺点是结薯量较少，如图 2-36（b）所示。

第三，船底形插法。薯苗基部位于土层的 2~3cm 内，秧苗中部在 4~6cm 土层下，如图 2-36（c）所示。优点是入土节位多，结出的薯块数量较多且大小一致。缺点是对土壤肥力要求较高，对于中部入土较深的节位，如果土壤水肥达不到要求很容易造成漏结现象的发生。

第四，平插法。甘薯秧苗水平入土节位位于土层下 5cm。这种方法适合较长的甘薯秧苗，优点是甘薯各个节位基本能结出甘薯，缺点是对于土地的水肥

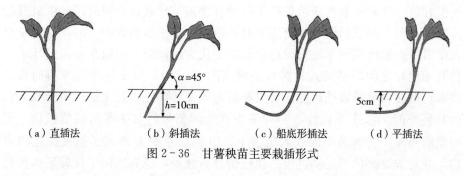

（a）直插法　　（b）斜插法　　（c）船底形插法　　（d）平插法

图 2-36　甘薯秧苗主要栽插形式

要求较高，较为贫瘠的土壤很容易使结出的薯小而多，如图 2-36（d）所示。

发达国家如日本、美国、加拿大等对于甘薯种植的研究较早，目前已具备成熟的甘薯生产技术。美国土地面积大但人口少，甘薯大多种植在农场里，移栽种植甘薯时多采用大型化、标准化的链夹式裸苗移栽机[86]，如图 2-37 所示。作业人员坐在座椅上，从苗盘取苗后放入链夹中，随后秧苗被链夹夹紧并随着移栽机构的运动而旋转，开沟器位于栽植机构的前方，随着机器的前进开出一道用于甘薯种植的槽沟，当栽插机构运动到槽沟上方时，栽插机构中的链夹由闭合变成张开状态，甘薯苗在重力作用下掉入槽沟中，随后压土轮进行覆土，从而完成甘薯裸苗的移栽作业[87]。日本、韩国甘薯种植土地面积小，不适合大型机械作业，因此更多采用农机与农艺融合较好的小型化机械种植甘薯秧苗，其主要有自走带夹式移栽机、牵引式乘坐型人工栽插机等多种形式的小型移栽机。日本井关农机株式会社研发的 PVH100 型甘薯移栽机（图 2-38），通过夹苗带的转动为夹持机构供给秧苗[88]，由夹持式栽植机构夹住甘薯秧苗的根部插入土壤中完成栽植作业，适用于需要膜上移栽的丘陵地区，但造价较昂贵且作业效率不高，在控制方面可根据地面的倾斜度调整夹苗带与移栽机构的角度，使栽植装置始终保持水平状态[89]。

图 2-37　美国的链夹式裸苗移栽机　　图 2-38　日本井关农机株式会社的
　　　　　　　　　　　　　　　　　　　　　　　　PVH100 型甘薯移栽机

目前，国内外学者对甘薯裸苗移栽进行了一定程度的研究。Yan 等[90]根据甘薯平插种植农艺要求设计了一种甘薯裸苗移栽机，同时研究了机器行进速度、覆土螺旋间距和螺旋速度对种植间距合格率的影响，但存在拖拉机在牵引中偶尔出现因车轮打滑造成株距变化大的问题。南通某公司设计了一种利用地轮驱动的链夹式甘薯移栽机（图 2-39），可实现斜插种植的轨迹要求，但在调节移栽株距时需要更换齿轮改变传动比，且无法适用于膜上栽植甘薯秧苗。陈进[91]设计了一种基于预处理苗带的甘薯裸苗喂苗机构，但种植前需要将甘薯苗提前放入苗带中。申屠留芳等[35]研究了指夹式栽植机构，并对关键部件的运动进行了轨迹仿真。此外，还有适用于甘薯平插种植的卧式甘薯移栽机，如图 2-40 所示，通过人工放苗在输苗带上，当输苗带转至垄体上方时，甘薯秧苗在重力作用下落在垄上，随后覆土机构进行覆土作业并压实[92]。

图 2-39　2ZL-1 型链夹式甘薯移栽机　　　图 2-40　卧式甘薯移栽机

综上所述，欧美国家的甘薯种植机械属于规模化和集约化类型，不适宜我国甘薯种植模式；而日韩国家更多提倡的是种植农艺与农机的融合，使甘薯种植产业效益最大化。因此，日韩国家的甘薯生产机械研发模式更适合我国目前农村现状。对于测控系统的研究，虽然近几年发展很快，但很多研究仍处于试验阶段，新的技术理论还没有大面积推广使用到移栽机械上。因此，虽然我国在甘薯裸苗移栽的研究上已取得了一定的成果，但目前仍然存在如下问题。

第一，目前国内的甘薯机械化移栽大多采用斜插种植，且不具备膜上移栽技术。甘薯船底形移栽是所有移栽方式中产量最高的，但目前我国的船底形移栽技术仅停留在实验室阶段，尚未有成熟机型。

第二，适用于国内的甘薯船底形种植的机械依旧较少，大多数甘薯裸苗移栽机种植效果不理想，钳夹式栽植机构虽然解决了甘薯船底形种植的农艺要求，但整机设计上缺少必要的控制系统。

第三，甘薯移栽过程中作业状况难以监测分析。现有的甘薯裸苗移栽机多以纯机械结构为主，移栽过程中的作业量、作业质量难以统计分析。

基于此，本团队以甘薯钳夹式移栽种植为研究对象，结合我国甘薯主产区种植农艺要求，设计了甘薯船底形膜上移栽装置以及电驱式甘薯裸苗移栽机控制与检测系统。同时，为了解决目前甘薯裸苗移栽机存在作业状况难以监测分析、有线传输方式只能现场监测而无法实现远程监测等问题，本研究利用传感器与三菱 PLC 作为信息采集与处理机构，并基于 MIT App Inventor 开发了手机远程监测软件，实现了移栽作业状况实时显示、在线分析和远程查看。

（二）甘薯船底形膜上移栽装置的设计与优化

1. 甘薯船底形移栽农艺

春季甘薯移栽采用薯块育苗的长直苗，进行移栽前需要在垄上铺上地膜。如图 2-41 所示，苗的长度通常超过 250mm，移栽后，苗中部最深的深度范围在 40～60mm，甘薯苗根部入土深度范围在 20～30mm，甘薯苗茎秆入土长度在 180～220mm，株距在 180～300mm。

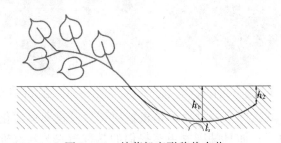

图 2-41　甘薯船底形移栽农艺

注：图中 h_1 值在 40～60mm，h_2 值在 20～30mm，l_s 值在 180～220mm。

甘薯船底形移栽是所有移栽方式中产量最高的，但同时膜上移栽也是难点。目前我国的船底形移栽技术仅停留在实验室阶段，尚未有成熟机型。针对上述问题，本团队研发了一项膜孔较小的船底形膜上移栽技术。

2. 移栽机构工作原理的确定

为了满足膜上移栽的农艺要求，设计了一种甘薯膜上移栽机构，以实现甘薯苗船底形移栽。如图 2-42 所示，展示了整个机器的结构，包括送苗装置和移栽装置。送苗装置（图 2-43）属于排列式单元输送形式。移栽装置由夹取机构、定位凸轮、换位机构和传动系统组成（图 2-44）。在夹取机构的旋转中心点处是用于控制弧形夹取杆开合的凸轮。定位凸轮和换位机构共同约束夹取机构旋转中心点的位置。夹紧幼苗后，夹取机构通过逆时针旋转进入土壤。在夹取机构进入土壤的过程中，定位凸轮的作用是消除由于机具的前进速度导致的夹取机构在前进方向上的水平位移。为了错开夹取机构离开土壤和进入土壤的运动轨迹，防止夹取机构在出土时将幼苗带出土壤，通过换位机构将夹取机构提升一定距离，使夹取机构离开土壤的运动轨道在进入土壤的运动轨迹之上。夹取机构在释放甘薯苗后通过顺时针转动离开土壤。在夹取机构离开土壤的过程中，定位凸轮有两方面的作用。一方面是为了消除由于机器前进速度引起的夹取机构在前进方向上的水平位移，另一方面是为了在夹取机构上升过程中调整夹取机构和地膜的相交点。夹取机构完全离开土壤后，定位凸轮将夹取机构推进到夹取苗的位置，并开始准备夹取下一个幼苗。

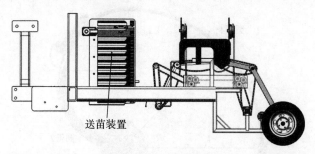

图 2-42 整机结构图

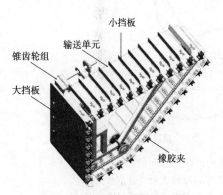

图 2-43 送苗装置结构示意图

1. 弧形夹取机构 2. 推杆
3. 基于阿基米德螺旋线的齿轮
4. 换向齿轮组 1（控制滑板）
5. 滑板 6. 定位凸轮 7. 转动轴
8. 换向齿轮组 2（控制夹取机构）
9. 旋转编码器 1（收集转动轴的转速数据）
10. 旋转编码器 2（收集地轮转速数据）
11. 电机

图 2-44 移栽装置结构示意图

3. 弧形夹取杆的参数确定

为了使移栽机构仅在特定位置与地膜相交（该位置是移栽机构进入地膜的位置），且移栽机构末端在土壤中的运动轨迹可以满足甘薯船底形移栽的农艺需求，设计了圆弧形状的夹取机构（图 2-45），其中弧形夹取杆以往复转动的方式工作，工作原理如图 2-46 所示。根据甘薯船底形移栽农艺要求，机构设计中使用了以下农艺参数。甘薯苗入土最深处的理论深度为 50mm，甘薯苗根部的理论深度为 25mm。甘薯苗茎秆入土长度选择 200mm，弧形半径的约束条件由式（2-11）给出。设 x 表示夹取机构的旋转半径，设 $\alpha+\beta$ 表示甘薯苗埋在土壤中时形成的弧形所占的角度。计算表明，半径为 130mm，$\alpha=52°$，$\beta=36°$。为防止夹取杆在田间作业中变形，设计夹取杆直径为10mm。

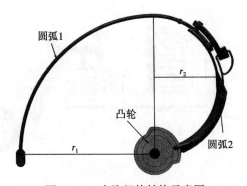

图2-45　夹取机构结构示意图

注：r_1 是圆弧1的半径，其值为130mm；r_2 是圆弧2的半径，其值为65mm。

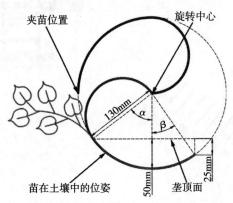

图2-46　弧形移栽机构形状设计示意图

注：以旋转中心为分界点，上半部弧线表示甘薯苗被夹持时夹取杆的位置，下半部弧线表示当将甘薯苗移栽成船底形时夹取杆的位置。

$$2\pi x \times \dfrac{\arccos \dfrac{x^2-75x+1\,250}{x^2-50x} + \arccos \dfrac{x-50}{x}}{360} = 200 \quad (2\text{-}11)$$

4. 换位机构的结构设计

夹取机构将甘薯苗栽入土壤并完成船底形移栽后，必须返回最高点并开始夹取下一株苗。然而，如果夹取机构在完成移栽后按入土时的路径返回，则夹取杆的运动轨迹将与甘薯苗在土壤中的位置重合，这将导致夹取杆将甘薯苗拖出土壤。为了解决该问题，设计了如图2-47所示的换位机构。该机构的工作阶段可分为两部分：错位和复位。错位运动是夹取机构从完成船底形移栽到夹持机构离开地膜的阶段，该阶段通过调整夹取机构旋转中心的垂直高度实现错位运动。复位运动是在夹取杆完全离开地膜后，将夹取机构的旋转中心复位到其原始垂直高度。

（1）换位机构的工作原理

为了实现错位运动，换位机构必须控制定位凸轮、推杆和夹取机构进行整体运动，定位凸轮通过推杆控制夹取机构旋转中心位置的水平运动，控制夹取机构旋转的换向齿轮组1和定位凸轮通过转动轴连接到滑板，推杆通过滑块连接可滑动齿条，以实现三者的整体运动。通过控制滑动板的移动，可以使三个部分作为一个整体移动。因此，设计了基于阿基米德螺旋线的齿轮盘和换向齿轮组2的齿轮控制滑动板的运动。

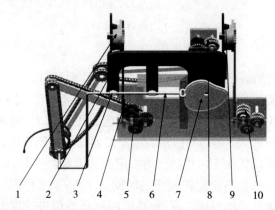

1. 基于阿基米德螺旋线的齿轮盘　2. 滑动板　3. 滑块　4. 齿条　5. 换向齿轮组2
6. 推杆　7. 定位凸轮　8. 换向齿轮组1　9. 滑板架　10. 换向齿轮组2

图 2-47　换位机构的结构图

（2）基于阿基米德螺旋线的齿轮盘设计

齿轮和阿基米德螺旋滑道都是基于阿基米德螺旋线的齿轮盘的部件，其中滑动齿条1的上下运动带动齿轮旋转。如图 2-48 所示，阿基米德螺旋滑道和

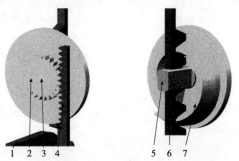

1. 滑动板　2. 齿轮　3. 中心旋转点　4 滑动齿条1　5. 滑块　6. 滑动齿条2
7. 基于阿基米德螺旋线的滑道

图 2-48　基于阿基米德螺旋线的齿轮盘

滑动齿条 2 通过滑块连接，滑块的一端固定在框架上，另一端通过旋转销连接到阿基米德螺旋滑道的中心。因此，阿基米德螺旋滑道的旋转可以转换为滑动齿条 2 的上下运动，并且由于滑动齿条 2 固定地连接到滑动板，从而实现了滑动板的上下移动。

阿基米德螺旋机构的设计目的是将夹取机构提升 15mm。以下为该机构的创建方式。

原始阿基米德螺旋的笛卡尔坐标方程为：

$$\begin{cases} r = a(1+t) \\ x = r . \cos(t . 360) \\ y = r . \sin(t . 360) \\ z = 0 \end{cases} \qquad (2\text{-}12)$$

式中，a 为初始时刻的半径（mm）；t 为工作时间（s）。

阿基米德螺旋机构的工作目标表明，它不会连续工作，因此式（2-12）中的参数 t 表示非线性变化值。修正的螺旋方程如式（2-13）所示，$f(t)$ 的间隔变化和变化趋势如式（2-14）所示。由于需要保持株距稳定，栽植频率由机器的前进速度和传动比决定，传动比为一定值。因此，机器的前进速度对栽植速度的影响最大。选择凸轮旋转 360° 的时间 T 为一个工作周期，以此描述栽植机构移栽一株甘薯苗的时间。尽管 T 值随机器的前进速度而变化，但它始终等于凸轮旋转一圈的时间。

$$r = a + f(t) \qquad (2\text{-}13)$$

$$f(t) = \begin{cases} 0 & 0 \leqslant t \leqslant \dfrac{126°}{360°}T & \text{步骤 1} \\[3mm] 180\,\dfrac{t - \dfrac{126°}{360°}T}{T} & \dfrac{126°}{360°}T \leqslant t \leqslant \dfrac{156°}{360°}T & \text{步骤 2} \\[3mm] 15 & \dfrac{156°}{360°}T \leqslant t \leqslant \dfrac{230°}{360°}T & \text{步骤 3} \\[3mm] -180\,\dfrac{t - \dfrac{230°}{360°}T}{T} & \dfrac{230°}{360°}T \leqslant t \leqslant \dfrac{260°}{360°}T & \text{步骤 4} \\[3mm] 0 & \dfrac{260°}{360°}T \leqslant t \leqslant T & \text{步骤 5} \end{cases} \qquad (2\text{-}14)$$

在式（2-14）中，错位装置的一个工作周期分为 5 个阶段。

第一阶段描述静止状态。夹取机构在这个阶段的工作任务是从送苗装置上夹取甘薯苗并将甘薯苗插进土壤中形成船底形，所以错位装置在这个阶段必须保持静止。

第二阶段描述上升运动。在完成第一阶段的运动后，夹取机构松开甘薯苗，因此夹取机构在此阶段的任务是在不扩大膜孔的情况下离开地膜。错位装置将夹取机构向上升，以便将夹取杆离开土壤的轨迹与进入土壤的轨迹错开。

第三阶段描述静止状态。在前一阶段，通过提高夹取机构旋转中心的高度来实现轨迹错位。然而，在前一阶段结束时，夹取杆尚未完全与地膜分离，因此该阶段错位装置的任务是等待夹取杆完全与地膜分离。

第四阶段描述下降运动。该阶段下降的距离与第二阶段中上升的距离相同。在这一阶段，夹取杆已经完全离开地膜，并且错位装置现在必须将夹持机构的旋转中心点降低到其初始高度，并进入夹持下一株苗的工作准备状态。

第五阶段描述静止状态。第五阶段是第四阶段的延伸，因为如果在第四阶段之后立即夹取甘薯苗，则夹取成功率将降低。因此，设计了第五阶段，以确保夹持杆在夹取甘薯苗时能够消除错位机构运动造成的干扰。

（三）甘薯移栽机作业状况监测方案设计与试验

1. 甘薯裸苗物理特性的分析

为实现传感器的合理布置，实现在移栽过程中甘薯秧苗的移栽状态能充分被所布置的传感器检测到，提高检测精度，需要对甘薯裸苗的物理特性进行分析，主要围绕甘薯裸苗的茎秆长度、移栽夹持点的直径（根据移栽要求取距离底端 2cm 位置为夹持点）进行统计分析。随机选取了 50 株甘薯裸苗，用游标卡尺与卷尺测量其尺寸，如图 2-49 所示。

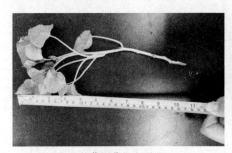 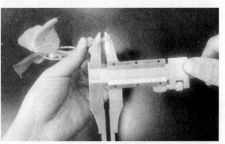

（a）甘薯裸苗长度测量　　　　　　　　（b）夹持点直径测量

图 2-49　甘薯裸苗尺寸测量

通过对 50 株甘薯秧苗其长 W_m、夹持点直径 D_m 进行测量得出表 2-2 数据。

表 2-2　甘薯裸苗尺寸数据

序号	W_m/mm	D_m/mm	序号	W_m/mm	D_m/mm
1	274	4.54	26	246	4.14
2	258	4.32	27	291	5.22
3	307	5.44	28	287	4.56
4	273	4.96	29	264	5.34
5	258	4.20	30	248	4.54
6	252	4.54	31	224	5.41
7	217	4.88	32	232	5.46
8	228	4.82	33	236	5.28
9	212	5.43	34	224	5.62
10	247	5.21	35	236	4.62
11	258	4.48	36	238	4.71
12	243	5.24	37	246	5.12
13	252	5.36	38	274	4.22
14	297	4.97	39	257	5.30
15	273	5.32	40	243	5.42
16	217	5.24	41	257	4.02
17	234	5.10	42	246	5.10
18	193	5.70	43	238	5.12
19	231	5.74	44	232	5.67
20	264	4.16	45	218	5.12
21	238	4.68	46	267	4.53
22	274	4.70	47	254	5.16
23	234	4.62	48	268	5.06
24	208	4.66	49	282	4.72
25	243	4.32	50	247	5.32

　　为了更直观地观察甘薯裸苗的长度与夹持点直径的分布情况，对表 2-2 的数据进行统计，如图 2-50 所示。

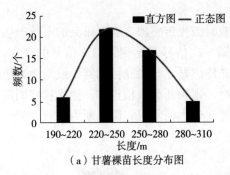
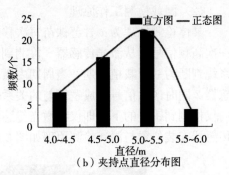

（a）甘薯裸苗长度分布图　　　　（b）夹持点直径分布图

图 2-50　甘薯裸苗物理特性分布

由图 2-50 可知，甘薯裸苗的长度及夹持点直径分布为正态分布，甘薯裸苗的长度在 220～250mm 的占比最大，最大长度为 307mm，平均长度为 248.8mm；夹持点直径集中在 5.0～5.5mm，最大直径为 5.74mm，平均直径为 4.95mm。

2. 漏栽监测装置设计及系统性能试验

（1）漫反射激光传感器选型与布置

目前市场上的传感器主要分为两大类：接触式传感器和非接触式传感器。该部分选用非接触式传感器，传感器选用温州鑫社电气科技有限公司生产的 SYM08J-D15P1 NPN 型漫反射激光传感器，如图 2-51 所示。其直径为 6mm、有效检测距离为 0～50cm、响应时间＜3ms，接线时传感器棕色线接 24 V 开关电源正极，蓝色线接开关电源负极，黑线连接 PLC 信号输入端。

通过对甘薯裸苗的物理特性进行分析，得出甘薯秧苗的最小长度为 193mm，平均长度为 248.8mm。因此，为满足漏栽检测的需要，激光传感器 1 和激光传感器 2 间隔 5cm 同时用于甘薯秧苗的检测，激光传感器 1 和激光传感器 3 之间的距离设置为 190mm，如图 2-52 所示。为提高光线聚集效果，在激光传感器外侧增加了一部分延长套筒。

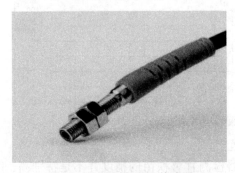

图 2-51　漫反射激光传感器

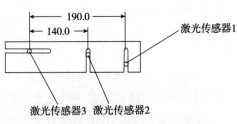

图 2-52　漫反射激光传感器的布置

（2）漏栽检测工作原理

具体检测原理为：甘薯裸苗每次移栽时激光传感器3会因钳夹的下落产生一次高频信号，从激光传感器3检测到第一次信号开始到第二次信号的产生，系统判断为一个栽植周期，当周期内激光传感器3与激光传感器1或与激光传感器2同时产生信号构成逻辑与的关系时，则判断为栽植正常，如果移栽周期内仅检测到钳夹的下落即仅有激光传感器3产生信号时，则判断为漏栽。激光传感器安装位置与漏栽检测原理如图2-53所示。

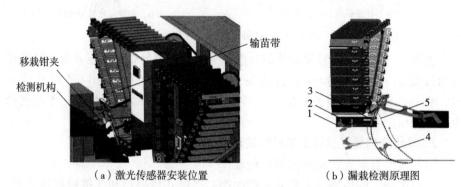

（a）激光传感器安装位置　　　　　　（b）漏栽检测原理图

1. 激光传感器1　2. 激光传感器2　3. 激光传感器3　4. 秧苗释放阶段　5. 秧苗夹取阶段

图2-53　甘薯移栽漏栽检测

（3）关键程序设计

甘薯裸苗漏栽检测主要分为三步，当漫反射激光传感器3监测到有钳夹下落时程序进入准备状态，周期内当激光传感器检测到甘薯秧苗经过时，用于存储栽植成功株数的寄存器D_0数目增加1，但在下一次钳夹下落时系统仍没有监测到甘薯秧苗，则用于存储漏栽数的寄存器D_2数目增加1，一个栽植周期完成后对统计钳夹下落次数的寄存器D_1进行清零。程序主要部分如图2-54所示。

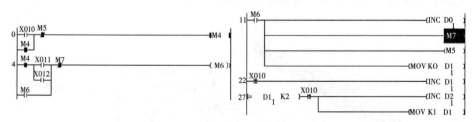

图2-54　甘薯裸苗移栽漏栽检测系统部分程序

（4）压力薄膜传感器硬件选型与布置

根据试验结果，利用非接触式传感器检测甘薯秧苗的精度并不是特别高。为了解决这种误差，将检测甘薯秧苗的漫反射激光传感器更换为压力薄膜传感器，并在移栽钳夹杆之间增加一对金属薄片，将压力薄膜传感器固定在金属薄片的中央。具体布置方式如图 2-55 所示。试验采用了维可思公司生产的型号为 IMS-C07A 的小量程压力薄膜传感器，其直径为 4mm，量程范围为 50g～2kg。传感器采用直流 0～5V 电源供电，当有压力产生时，电压转换模块将检测到的压力转换为对应的 0～3.3V 电压输出。

图 2-55　压力薄膜传感器的安装

由于压力薄膜传感器的安装必将导致钳夹夹苗处有空隙产生，如果空隙过大会造成夹不住甘薯秧苗，而空隙过小又会造成压力采集值过小，不利于后续的数据处理与分析。因此，通过调整压力薄膜传感器垫片的厚度控制夹苗处的间隙大小对检测系统的准确性与夹取效果至关重要。通过对甘薯裸苗夹苗点直径物理特性的分析，甘薯裸苗夹持点的直径集中在 5.0～5.5mm，最小直径为 4.14mm，因此在安装完压力薄膜传感器后控制钳夹之间的空隙为 2.5mm 满足要求（图 2-56）。

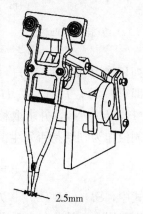

2.5mm

图 2-56　漫反射激光传感器
布置结构

（5）漏栽检测系统工作原理

控制钳夹开合的轴承在凸轮上滚动一圈钳夹完成一个周期的移栽动作，在甘薯移栽过程中钳夹动作分为 4 个阶段：闭夹阶段、闭夹保持阶段、开夹阶段、开夹保持阶段。结合凸轮各部分所占的角度比例，当控制钳夹开合的轴承在凸轮上滚动一周时，移栽钳夹夹苗点的开启距离变化如图 2-57 所示。

通过对图 2-57 移栽钳夹单个移栽周期内动作过程的分析，可以得出单个移栽周期内在移栽钳夹没有夹持住甘薯秧苗的情况下，压力薄膜传感器采集值应为增加—保持—减小—保持的过程。而在钳夹夹取到甘薯秧苗时由于压力薄膜传感器与垫片不接触，因此在栽植周期内压力采集值的变化范围很小。

漏栽检测原理与改进之前的设计类似，只是将用于检测甘薯秧苗的漫反射激光传感器改为压力薄膜传感器。具体检测原理为漫反射激光传感器用于对栽植周期进行判断，压力薄膜传感器不断检测移栽过程中钳夹之间压力的变化，同时每 0.2s 采集一次压力值并上传至 PLC，当一个移栽周期结束后，构成一

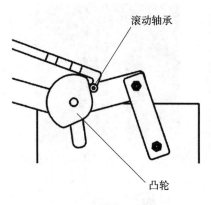

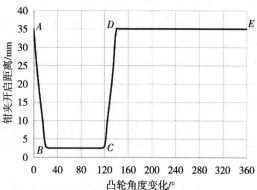

（a）滚动轴承及凸轮位置　　　　（b）轴承滚动一圈对钳夹开启距离的影响

图 2-57　移栽钳夹开启的原理与规律

个队列长度为 N 的队列 H（n），每一个队列元素都对应一个当前压力采集值。即 H（0），H（1），H（2），H（3），…，H（N－n+1），…，H（N－1），H（N），并求取移栽周期内采集值的变异系数 C_H，把设置的变异系数阈值作为判断是否发生漏栽的条件，C_H 计算公式为：

$$C_H = \frac{SD[H(n)]}{Mean[H(n)]} \times 100\% \qquad (2-15)$$

式中，$SD[H(n)]$ 为方差函数；$Mean[H(n)]$ 为均值函数。

由于钳夹夹持住甘薯秧苗时，压力薄膜传感器整个栽植周期内处于不受力状态，因此在没有发生漏栽时移栽周期内求得的变异系数要明显小于发生漏栽时的变异系数。为了确定最佳漏栽变异系数阈值，试验分别选取在 30 株/min、40 株/min、50 株/min 的移栽频率下测定正常移栽与发生漏栽栽植周期内的变异系数。数据结果如图 2-58 所示。

通过不同移栽频率下单个周期内的压力变异系数的采集值可以看出，在没有发生漏栽时，压力测量值变异系数基本稳定在 6% 以下，当发生漏栽现象时单个周期内压力变异系数基本位于 10% 以上。综合分析，设定一个阈值 C_{max} 为 8%，在移栽作业时，如果单个栽植周期内采集的压力值变异系数大于 8% 时，系统即判定为漏栽。

3. 基于 OneNet 云平台作业状况监测

随着科技的进步，农机装备朝自动化和智能化方向发展成为趋势，对甘薯裸苗移栽机作业状况的实时监测，无论对于提高甘薯裸苗栽植质量，还是控制栽植成本都具有十分重要的意义。为解决目前甘薯裸苗移栽机存在作业状况难以监测分析、有线传输方式只能现场监测无法实现远程监测等问题，本研究基于 MIT App Inventor 开发软件设计了一种甘薯裸苗移栽手机远程监测系统，

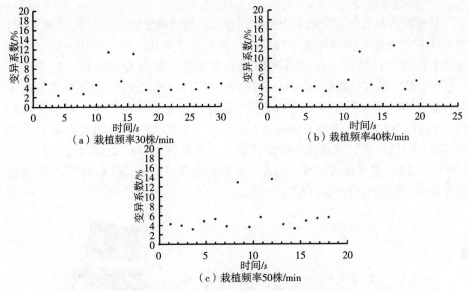

（a）栽植频率30株/min　　　　（b）栽植频率40株/min

（c）栽植频率50株/min

图 2-58　发生漏栽时压力变异系数采集值

实现了移栽作业状况实时显示、在线分析和批量存储。

（1）系统总体结构与工作原理

移栽作业状况监测系统主要依托钳夹式甘薯裸苗移栽机进行工作，其底层结构核心在于传感器，这些传感器负责采集关键数据。随后，利用可编程逻辑控制器（PLC）作为核心处理单元，对传感器所收集的数据进行高效地处理与分析，以便对移栽作业的状况进行实时判断与监控。GPRS DUT 模块与 PLC 通过 RS485 接口采用串口通信差分信号进行数据传输，中间设备 DTU 与物联网云服务器、物联网云服务器与手机交互页面之间利用 4G 信号进行数据无线传输，系统总体框架如图 2-59 所示。

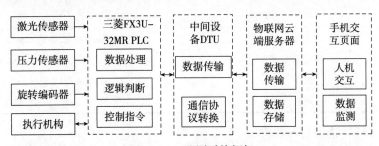

图 2-59　监测系统框架

（2）系统硬件设备与 Modbus 协议搭建

由于农业机械作业环境复杂，要求控制器与传感器具有较强的稳定性和抗干扰能力。本设计选择的硬件设备如下。

1）控制器选型

甘薯裸苗移栽远程监测系统所有元器件之间协调控制都需要 PLC 来完成，PLC 不仅需要接收触摸屏或手机终端传送的指令并快速做出响应，同时也要接收来自底层传感器上传的各种作业参数并进行数据分析处理。远程设备 DTU 与 PLC 的连接需要 Modbus 通信协议接口，同时 PLC 还需要具备高速脉冲输入口，并为供电机、监测原件的启停提供足够多的点位。目前主流的 PLC 品牌有西门子、三菱、欧姆龙等品牌，三菱 PLC 相对于其他品牌具有编程简单、性能可靠、运算速度较快的优点，在进行 RS485 通信时只需扩展个 FX3U-485-BD 模块即可实现。因此，本研究选择三菱 FX3U 系列 PLC 作为远程作业状态监测的处理器（图 2 - 60）。

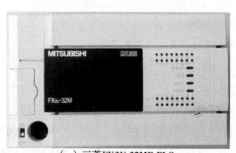 

（a）三菱FX3U-32MR PLC　　　　（b）三菱FX3U-485-BD模块

图 2 - 60　三菱 FX3U 系列 PLC 与扩展模块实物图

三菱 FX3U 系列 PLC 主要技术指标如表 2 - 3 所示。

表 2 - 3　PLC 主要技术指标

指标	三菱 FX3U
尺寸	150mm×86mm×90mm
额定电压	DC24V
X/Y	24V 入/24V 出
功耗	35W

2）DTU 选型与参数设置

数据传输单元 DTU，是专门用于将串口数据与 IP 数据进行相互转换并通过无线网络进行传输的无线终端设备。USR-G771 是有人物联网推出的首款 Cat-1 DTU，传输速率快且具有 4G 网络接入功能，对外提供 RS232 和 RS485 两种标准端子接口。因此本系统采用有人云 USR-G771 型 DTU，如图 2 - 61 所示。

图 2-61 USR-G771 DTU 模块

USR-G771 DTU 主要技术参数如表 2-4 所示。

表 2-4 USR-G771 DTU 主要技术参数

指标	USR-G771
电源	9～36V
工作电流	平均 21～50mA
SIM/USIM	3.8V/1.8V SIM 卡槽
UART 接口	支持 RS232 和 RS485，端子接口
波特率	1 200～230 400bps
工作模式	透传模式
网络协议	TCP/UDP/DNS/FTP/HTTP

　　在进行 DTU 参数设置时，将 DTU 设备通过 USB 转 RS485 串口通信线与电脑进行连接。在电脑上打开 DTU 设置专用软件 USR-G771 V1.0.5，页面中 PC 串口参数的设置是电脑与 DTU 连接的关键，用于电脑与 DTU 建立通信并向 DTU 内下载参数，这里设置为波特率 9 600bps、8 位数据位、1 位停止位的无奇偶校验。网络透传参数设置用于 DTU 连接物联网云服务器，地址和端口号为所要连接 OneNet 云平台的 IP 地址和端口号，连接类型为 TCP 协议。全局参数设置的作用为 DTU 连接 PLC，因此需要与 PLC 串口参数设置一致，这里设置为 8 位数据位、1 位停止位、波特率 9 600bps 的无奇偶校验。参数设置完成后，通过电脑将设置的参数下载到 DTU 设备。参数设置页面如图 2-62 所示。

　　3）物联网云服务器的创建

　　在 OneNet 云平台注册完成后，系统会自动分配两种接口，分别为设备接口与 API 接口，以及一些通信协议。由于 PLC 使用 Modbus 通信协议，因此在 OneNet 云平台多协议接入中选择 Modbus 通信协议。选择协议后，在此协议下创建相应的产品，并在产品中添加对应设备。

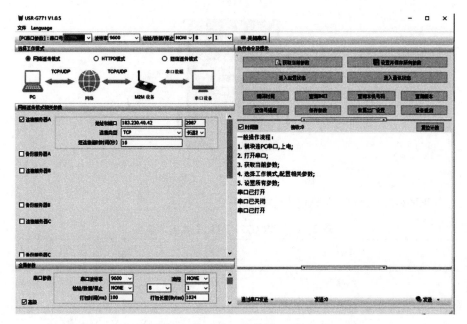

图 2-62　DTU 参数设置页面

4）Modbus 协议与数据流创建

由于 PLC 采用 Modbus 通信协议，OneNet 云平台要与 PLC 建立通信必须按照 Modbus 格式建立物联网数据流，同时这也是建立物联网云服务器的最后一步。

Modbus 是一种串行通信协议，是 Modicon 公司（现在的施耐德电气）于 1979 年提出发表的，通过此协议，不同的控制器之间可以实现相互通信。在 Modbus 协议中只能有一个主站，但是可以有多个从站，只有当主站发出请求时从站才可以发出数据，同时从站之间是不能直接进行通信的，每一个从站都有唯一的从站号，在此系统中物联网服务器作为主站，PLC 处理器作为从站。

Modbus 数据帧是一个信息帧内一系列独立的数据结构以及用于传输数据的有限规则。Modbus RTU 数据帧由 4 部分组成，分别是设备地址、功能码、数据和校验。设备地址占 1 个字节，范围是 0～255，功能码占 1 个字节，由协议明确规定不同的数值代表的含义，例如功能码 01 为读取一组线圈状态，功能码 02 为取得一组开关输入的当前状态（ON/OFF）等。CRC 校验码主要用于防止一组数据从一个设备传输到另一个设备时在线路上可能会发生的一些改变，提高系统的安全性和准确性。

在本系统中 PLC 设置为从站编号 1。由于在程序编写时移栽机作业速度数据存储在三菱 PLC 的 D100 存储器中，例如主站 OneNet 云平台要读取移栽机行进速度的数据时，需要发送的数据命令为 01 03 0064 0004 D5D6，即从 D100 存储器里读取 8 个字节返回主站，其中 0064 为起始寄存器 D100 对应的 Modbus 地址，0004 为读取的数据长度 8 个字节，D5D6 为 CRC 校验码。如图 2-63 所示。

数据流名称：	S_DATA

	从机地址	功能号	数据地址	数据长度
* 采样数据命令：	01	03	0064	0004

* ER校验：	05D6

* 数据周期(s)：	1

数据处理公式：	A0fA1;A2fA3;A4fA5;A6fA7

图 2-63　物联网 Modbus 通信格式设置

5）FX3U PLC Modbus 通信设置

PLC 作为通信系统的从站要与主站物联网建立通信，也要对通信格式进行设置，对于三菱 FX3U 系列 PLC 通信格式要在特殊寄存器中设定完成。通过查阅三菱 FX3U Modbus 通信使用手册，在寄存器 D8420 中设置 16 进制数为 H1081，在寄存器 D8421 中设置 16 进制数为 H11，在寄存器 D8434 中设置从站地址为 1，即可完成通信格式为 8 位数据位、1 位停止位、波特率为 9 600bps 的无奇偶校验参数设置。PLC 中的通信参数设置如图 2-64 所示。

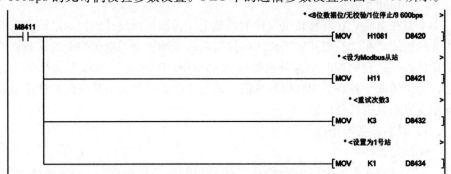

图 2-64　三菱 PLC Modbus 通信格式设置

（3）手机 App 终端软件开发

物联网与 PLC 通信协议设置完成后，需要搭建手机远程测控的 App 对物联网进行访问，云服务器 OneNet 对外提供两种接口，分别是设备接口与 API

接口，API 接口对接手机、电脑等终端设备，实现软件之间相互通信，设备接口通过 4G 信号与 DTU 建立通信，手机用户端与云服务器建立数据通信上传指令或接收作业参数，如图 2-65 所示。

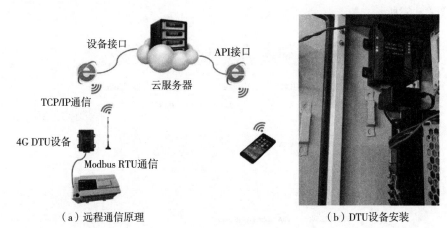

（a）远程通信原理 　　　　　　　　　　　　（b）DTU设备安装

图 2-65　甘薯移栽远程通信

本研究中手机测控软件的开发采用 MIT App Inventor 进行，MIT App Inventor 是谷歌公司针对 Android 平台，提出的以浏览器为基础的在线开发工具，具有支持在线开发、界面设计可视化、积木式编程的优势。软件包括组件设计和逻辑设计两项重要功能。在组件设计视图中，可以利用系统提供的组件设计应用的界面；在逻辑设计视图中，设计组件对应的事件逻辑。系统提供地图定位、物联网等丰富组件供 App 开发调用，经调试完成后的程序通过打包下载传输至手机运行即可。

（4）田间实验

本章在电驱式甘薯移栽机设计的基础上，为验证所设计的控制系统在田间作业的性能，在试验田开展了传统拖拉机后输出轴驱动与电驱控制的移栽性能对比试验。试验时控制车速分别处于 0.4km/h、0.5km/h 和 0.6km/h 3 个速度。每个速度下各栽植 100 棵甘薯苗，重复 3 次，对种植后甘薯苗的株距以及株距变异系数进行分析。

1）试验设备与条件

①试验条件

本次试验在山东火绒农业科技发展公司的试验田中进行。试验田长度为 50m，宽度为 20m。试验地土质为壤土、平均含水率 16.3%、紧实度 210kPa（图 2-66）。试验用甘薯苗品种为烟薯 25 号，苗龄均为 35d，单株长度为 20～30cm，距离苗根部 30mm 处的平均直径为 4.28mm（图 2-67）。试验前用旋耕机粗旋一遍。采用垄作不覆膜种植，起垄高度 260mm，垄距为 900mm，株距设置为20cm。

图2-66　试验田状态

图2-67　试验用甘薯秧苗

②试验设备

试验拖拉机为东方红954型四驱拖拉机，试验机具轮距已根据农艺要求调整。试验仪器有SL-TSC数字多功能土壤性质测试仪（可同时测量土壤含水率、温度及土壤紧实度）、游标卡尺、卷尺、量角器以及计数器等，如图2-68和图2-69所示。

图2-68　土壤紧实度测量

图2-69　土壤含水率测量

2）拖拉机后输出轴传动与电驱控制移栽株距对比试验

试验时分别采用拖拉机后输出轴传动栽植（图2-70）和电控调节栽植（图2-71）两种方式，控制车速分别处于0.4km/h、0.5km/h和0.6km/h 3个速度。每个速度下各栽植100棵甘薯苗，对种植后甘薯苗的株距进行统计并对株距变异系数进行计算（图2-72）。为排除甘薯秧苗形态大小对试验结果的影响，试验所用甘薯秧苗在每个速度区间内重复使用。同时，为保证测区内拖拉机速度的精确，在试验区域前后预留出供拖拉机加减速的足够距离。移栽效果如图2-73所示。

图2-70 拖拉机后输出轴传动栽植

图2-71 电控调节栽植

图2-72 移栽株距测量

图2-73 移栽效果

图2-74为3种速度水平、2种移栽控制方式下的株距测量数据。可以看出，电控调节方式下的移栽株距在设定值处小范围上下浮动，而拖拉机输出轴传动的移栽株距变化明显，且随着作业速度的加快移栽株距有明显增大的趋势。

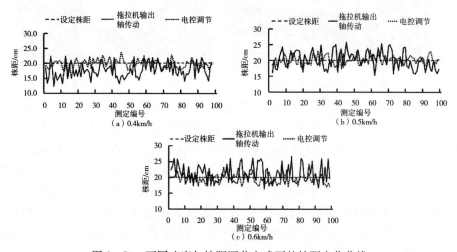

图2-74 不同速度与株距调节方式下的株距变化曲线

对测得的数据进行处理，结果如表 2-5 所示。从表 2-5 可以看出，随着速度的提升，拖拉机后输出轴传动的控制方式移栽平均株距由 18.0cm 增加至21.2cm，移栽株距受作业速度影响较大；而电控调节方式株距平均值变化不大。分析标准差与变异系数可知，拖拉机后输出轴传动的控制方式，标准差最大值为 3.0cm，变异系数最大为 14.15%，且 3 种速度下标准差与株距变异系数明显大于电控调节的方式，这体现了电控调节的优势。

表 2-5 株距测量结果

试验指标	调节方式	作业速度		
		0.4km/h	0.5km/h	0.6km/h
株距平均值/cm	拖拉机传动	18.0	20.3	21.2
	电控调节	19.9	20.2	20.1
株距标准差/cm	拖拉机传动	2.3	2.8	3.0
	电控调节	1.3	1.5	1.6
株距变异系数/%	拖拉机传动	12.78	13.79	14.15
	电控调节	6.53	7.42	7.96

本节开展了传统拖拉机后输出轴传动与电驱控制的移栽机性能对比试验。试验结果表明：在目标株距为 20cm，作业速度为 0.4km/h、0.5km/h 和0.6km/h 的条件下，电驱控制与传统拖拉机后输出轴传动控制相比，移栽株距变异系数平均值分别降低了 6.25%、6.37% 和 6.19%，这说明电驱控制可有效解决拖拉机动力输出轴传动不稳定性对栽植作业轨迹和株距的影响。拖拉机后输出轴传动的方式，无论是株距标准差还是株距变异系数都明显大于电驱控制方式下的移栽作业，这体现了电控调节的优势。

五、本章小结

本章系统地介绍了薯类机械化种植的作业环节及关键部件，为薯类种植机械的创新研发提供了理论支撑和技术参考。另外，本章重点围绕马铃薯播种机与甘薯移栽机阐述了装备的工作原理以及关键技术，并进行了室内外性能试验，展示了装备取得的重要创新和成果。

然而，与国外先进装备与技术相比，我国薯类种植机械仍存在不足之处，分析其未来发展的重要方向，有利于提高薯类种植机械化水平。

(一) 总结

2CM-4 型双垄四行马铃薯播种机。采用新式种勺，提高了充种率和排种率。采用电子振动下种装置，能够清除多余种薯，有效降低重播率及漏播率。整机采用模块化设计，按作业环节设计装置，并实现快速拆装，功能转换便捷、适用型强。

马铃薯精密种植机。采用电机代替原地轮驱动和链传动系统，避免由地轮滑移引起的施肥量和播种不均匀的问题。首次提出分层施肥技术方案，设计出一种深度可调式分层施肥开沟器，实现分层施肥，解决了肥料定位不精确与利用率低的问题。提出基于激光反射传感器的实时漏种检测技术和基于栅栏圆盘的自动复位补种技术，大大降低了播种作业中的重播率和漏播率。

2CM-SF 型单垄双行马铃薯播种机。设计出一种可调式分层施肥的开沟器，采用双排肥管组合式结构，实现了上下层施肥深度、施肥间距和施肥量的调节。提出一种基于激光传感器的"三角形"组合布置式马铃薯漏播检测方法，扩大了检测平面，提高了检测精度。设计出一种型孔式微型薯自动补种装置，自动化作业精度高，有利于提高播种的质量。

2CMZ-2（2CMZY-2）自走式马铃薯带芽播种机。采用针刺式排种装置，实现了对种薯带芽定向的种植，有利于缩短出苗期，实现早熟高产。采用电驱式外槽轮排肥器，可根据所需施肥量实时调整槽轮转速，实现变量施肥。

马铃薯育种试验播种机。适用于马铃薯育种播种不同的农艺要求，解决了马铃薯育种试验播种作业无机可用的问题。设计的圆台格盘式排种装置，保证了播种时在人工的参与下不会混种。改进后的中间高、四周低的圆台式底板，能够保证种薯的落种点相同。通过向圆盘栅格内间隔放种的方式，控制小区的整齐度。

甘薯移栽机。系统性分析了国内外甘薯裸苗移栽机以及测控系统的发展现状及优缺点，针对目前甘薯裸苗移栽缺少必要的控制系统以及作业状态难以监测分析的问题，研制出电驱式甘薯裸苗移栽机控制与检测系统。针对膜上移栽技术不成熟、膜上移栽碗口大等问题，本团队研发了一项膜孔较小的船底形膜上移栽技术。同时，为了解决目前甘薯裸苗移栽机存在的作业状况难以监测分析、有线传输方式只能现场监测而无法实现远程监测等问题，本研究利用传感器与三菱 PLC 作为信息采集与处理机构，并基于 MIT App Inventor 开发了手机远程监测软件，实现了移栽作业状况实时显示、在线分析和远程查看。

为了解决适用于国内甘薯船底形种植机械依旧较少的甘薯移栽难题，本团队特别研制了 2ZQX-2 型甘薯船底形膜上移栽机以及 2ZQX-3 型甘薯移栽机，并进行了田间实验。图 2-75 为 2ZQX-2 型甘薯船底形膜上移栽机田间试验图片，图 2-76 为 2ZQX-3 型甘薯移栽机田间试验图片。

图 2-75　2ZQX-2 型甘薯船底形膜上移栽机　　图 2-76　2ZQX-3 型甘薯移栽机

（二）展望

1. 加强机具多功能联合作业

马铃薯播种机多功能联合作业可一次性完成开沟、施肥、播种、起垄、覆土、覆膜等环节，作业效率和种植精度高，人工劳动强度小。未来将继续加强马铃薯播种作业一体化，重点突破精密种植、实时监测、故障预警、自动补偿、田间管理等关键技术，逐渐减少直至消除人工或半人工辅助播种的落后方式。

2. 开发和应用精密种植技术

马铃薯播种机普遍存在重播率和漏播率高、排种均匀性差、伤种严重的问题，未来将提高现有装备的播种精度，核心是研发具有自动监测及补偿功能的精密播种系统。例如，利用红外监测元件以提高排种监测可靠性；简化补种系统，使种薯更快速、及时地到达漏播位置；革新播种驱动，采用全电驱动马铃薯排种，解决拖拉机驱动便捷性差、动力消耗大等问题；发展精准施药、施肥技术，提高农药、化肥的有效利用率，减少农业污染。

3. 农机与农艺有效融合

我国马铃薯种植区域分布广、地理条件复杂，未来将因地制宜研发马铃薯装备，针对南方、西南等丘陵山区，进行小型化马铃薯播种机攻关；针对北方平作区，研发 4 行及 4 行以上的大型马铃薯联合播种机。另外，不同地区栽培模式差别大，未来将推广高产、优质、高效的适合机械化作业的栽培模式，统一农业生产标准，推进马铃薯装备的适用性。

4. 提高机具自动化、智能化程度

未来马铃薯播种机将加强智能控制系统应用，利用电液气一体化、无人驾驶、GPS 等先进技术，用于实现降低重播率和漏播率、提高株行距均匀性、自动补种、故障预警等功能，马铃薯播种机必将朝着更加自动化、智能化的方向发展。

第三章 薯类作物生产配套水肥一体化智能控制系统设计

一、水肥一体化智能控制系统设计背景

薯类作物生产智能化程度低严重制约着薯类作物现代产业发展，急需通过提高智能化管理与精准作业技术，解决劳动力短缺问题，提高土地产出率。

水肥一体化是一项将灌溉和施肥融合在一起的新型灌溉技术，借助传感器、压力系统、施肥系统、管道系统等将水分和肥料充分混合，浸润植株的主根系。以薯类作物为例，相比传统的漫灌方式，水肥一体化的主要优势为：大幅提高水肥利用率，可提高水分利用率达40％以上、提高肥料利用率达30％以上；灌溉、施肥效率高且覆盖均匀；加搅拌电机后，可探究薯类作物对氮、磷、钾3种营养物质的养分需求；亩增产可达7％以上；提高薯类作物精准作业技术和装备在粮食作物规模化生产中的应用，有效提高农业综合生产能力；减少烂种、烂薯以及病虫害的发生。

在以色列，将近90％的灌溉耕地采用水肥一体化灌溉施肥方法。我国现代化设施栽培中采用的先进灌溉设备几乎都引自农业发达国家。水分和养分的合理调节和平衡供应是保证薯类作物增产的最关键因素，而我国人均占水量仅为世界人均水平的1/4。目前国内应用的众多灌溉施肥装备缺乏水肥的智能决策及配套系统技术，且基于时间控制策略与薯类作物环境相关性不强、水肥决策的智能化水平低、普及型并不乐观，尤其针对规模化生产区的水肥管理，尚缺少大型园区或基地水肥综合管理系统。

水肥一体化是提高薯类作物块茎产量、品质和水肥利用效率，同时降低活性氮损失的有效田间管理措施，是世界公认的高效节水节肥农业新技术。但是，由于缺乏动态的作物水肥需求定量化参数，导致实际生产中还没有达到真正意义上的精准水肥管理。随着水肥一体化技术的发展以及农业生产托管的规

模化粮食生产经营模式的落地实施，薯类作物种植面积逐年扩大，规模化的精准粮食生产模式将是实现我国农业现代化的可行路径。

二、水肥一体化智能控制系统总体功能设计

试验地点位于山东省青岛市胶州市"马铃薯智能生产装备国家重点项目示范基地"，该基地为研究薯类作物精准施肥与播种、水肥一体化等现代生产装备提供科研试验和优化提升保障，整个水肥一体化系统包括施肥系统、土壤墒情站、气象采集站、输水稳压系统等，可以实现精准灌溉施肥、手机 App 远程控制、墒情信息采集、远程监控等。

（一）设计要求

根据薯类作物的生长习性以及种植管理过程中的农艺要求，所设计的薯类作物水肥一体化智能控制系统应满足以下要求：系统稳定运行，能大幅减少人工成本的投入；对薯类作物温度、光照、水分、肥料等生长驱动因素准确把控，代替传统的人工经验判断，在功能上满足定时、定量、分区灌溉；实时监测水肥浓度并根据需要实时调节，准确获取薯类作物生长的土壤环境、气象环境等墒情参数，实现各数据间的联动；满足移动端远程控制的需求，并在实际生产中较传统种植有明显的优化，薯类作物产量显著提升；减少农业灌溉水用量，提高肥料利用率，减少化肥农药的使用量。

（二）系统组成

水肥一体化智能控制系统由水源工程、首部控制系统、输水网管组成，如图 3-1 所示。水源工程由水源、吸水泵、自动反冲洗砂石过滤器、自动反冲洗叠片过滤器组成；首部控制系统由 LRS-50-24 开关电源、MCGS 组态触摸屏、PLC、模拟量变送器、吸肥泵、逆止阀、流量计、压力传感器、EC 传感器、pH 传感器、电磁阀等组成；输水网管由主管道、支管道、毛管道组成。

（三）工作原理

系统运行时，吸水管道主管路和吸肥管道均处于导通状态，水源经过滤器进入主管道，文丘里吸肥器将母液桶中的肥料注入主管道，利用主管道的水流动力，将水肥混合液注入混肥桶。压力传感器实时监测主管道内的压力信号并传送至 PLC 的控制端，参与 PLC 程序的内部优化，得到 PID 闭环控制的输入值，设定值通过 A/D-D/A 模块控制变频器频率，电动机通过改变转速的方式

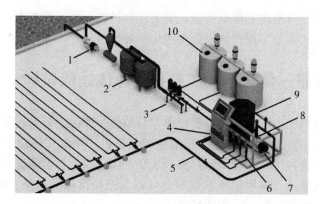

1. 吸水泵　2. 自动反冲洗砂石过滤器　3. 自动反冲洗叠片过滤器　4. 水肥一体机
5. 主管道　6. 流量计　7. 吸肥泵　8. EC/pH 传感器　9. 混肥桶　10. 母液桶

图 3-1　水肥一体化智能控制系统总体结构示意图

进行恒压供水，保证吸水管道、吸肥管道中的水压保持在稳定数值，防止爆管。EC 传感器、pH 传感器实时采集混肥桶输出管中的浓度数据，并将结果反馈给控制器。若采集到的数据和预先设定的水肥浓度数据一致，则灌溉网管中的电磁阀打开，水肥混合液进入输水网管流向田间；若数值相差较大，则电磁阀关闭，通过小循环再次进入混肥桶，调整浓度至达标。用户可根据实际种植情况选择自动控制和手动控制。

三、水肥一体化智能控制系统的硬件设计

（一）中央控制系统

控制系统的硬件包括 1 个 LRS-50-24 开关电源、1 个 MCGS 触摸屏、1 个西门子 PLC、1 个模拟量变送器。MCGS 触摸屏基于 Windows 系统开发，支持远程通信功能。快速构造和生成上位机监控系统，主要完成数据的采集与监测、前端数据的处理与控制。触摸屏与 PLC 之间通过 RS232 接口进行通信，模拟量变送器与 PLC 之间采用 RS485 接口进行通信。西门子 PLC 需 220V 的工作电压，触摸屏和模拟量变送器由 LRS-50-24 开关电源供电。

（二）薯类作物"智慧农业"环境监测系统

为了更好地为种植薯类作物提供合适的生长环境，主要对水肥一体化系统的水压、种植基质墒情、天气状况进行监测，通过土壤温湿度传感器、电导率传感器、酸碱度传感器、雨量传感器、风速风向传感器等检测主管道水压、土壤温湿度、电导率（EC）、酸碱度（pH）、空气温湿度、风速、风向、CO_2 浓度、降水量等相关参数，通过 LoRa 无线传输模块实现数据的交换，与单片机

完成数据通信，环境监测系统如图3-2所示。

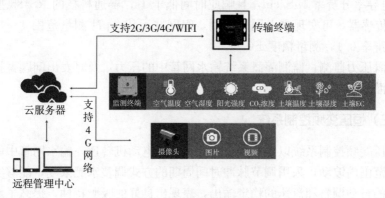

图3-2　环境监测系统

传感器将采集到的数据通过传输终端上传到云服务器，所有数据存储到云端，云端数据通过远程管理中心与施肥机进行数据共享。

图3-3　气象站

气象墒情监测：提供精准的气象数据反馈，包括空气温湿度、光照强度、CO_2浓度、风速风向等，恶劣的天气下也可形成可靠的数据，最快2.5s更新一次数据，保证数据的实时性和可靠性。气象站如图3-3所示。

土壤墒情监测：土壤墒情信息采集站实时监测温湿度、pH、电导率等土壤参数，与NetBeat系统互联后可根据当前土壤状态制定后期的灌溉计划；太阳能供电，采用RS485的通信方式传输墒情信息，传感器与网关的数据交换，GPRS网络数据实时上报。土壤墒情站如图3-4所示。

图3-4　土壤墒情站

本水肥系统的土壤墒情采集系统，采用赛通科技研发的三组传感器。通过RS485的通信方式进行墒情信息的传输，与PLC之间采用标准的Modbus协议。赛通科技的RS485型土壤温湿度传感器，适用于土壤温度以及水分的测量，经与德国原装高精度传感器比较和土壤实际烘干称重法标定，精度高、响应快、输出稳定。受土壤含盐量影响较小，温度测量范围 $-40℃～80℃$，温度精度 $±0.5℃$，湿度测量范围 $0\%～53\%$，湿度精度 $±3\%$，且响应时间小于1s；赛通科技的RS485型土壤电导率传感器适用于土壤电导率的测量，电导率量程 0～10 000μS/cm，电导率精度±3%，电导率分辨率 1μS/cm，且响应时间低于 1s；赛通科技的 RS485 型总线式 pH 传感器，可实现多点同时监测，组网并远传，pH 测量范围 4～10，传感器分辨率 0.1，测量精度±0.5。

灌溉压力监测：监测灌溉系统输水网管中的压力，及时发出问题警报，以保证原灌溉计划顺利进行。

（三）恒压变频控制系统

恒压变频控制系统以调节频率的方式改变电动机转速，输水网管中的水压在较小范围内波动，采用调节脉冲时间周期的方式调整水肥浓度，能够实现施肥频率的自动调整和流速的稳定输出，表现出良好的吸肥特性，提高了水肥利用率。

四、水肥一体化智能控制系统的软件设计

当智能终端与有人云平台连接成功后，ESP8266 无线模块把各个节点采集的数据分别传送至云平台，并且在设备所关联的相应数据流中创建对应的数据点。当云平台成功接收智能终端上传的数据后，在设备应用管理界面，也就是监控界面编辑区，可以通过有人应用编辑器，方便快捷地实现有人云平台上的设备数据流可视化。

在云平台监控界面设计区，使用自定义设备的数据流类型和数据流，设计出系统上位机监控界面。有人云平台支持多页面控件独立功能，可为系统所有的终端节点设计不同的应用页面，方便用户查看智能终端上传的数据。在监控界面设计区，根据设备实际应用中特点不同的数据流选择不同的控件，在编辑区左侧有基础元素和控制元素的组件库，右侧有属性、样式和图层。在监控界面设计区，使用可视化控件折线图和仪表盘实现节点数据流的展示。仪表盘根据关联的数据流来显示数据流值，可设置最大值、最小值，以及仪表盘的样式。折线图可以选择一条或多条数据流直观展示数据变化趋势。控件通过设置与相对应的数据流关联便可展示上传云端的数据。

（一）人机界面设计

触摸屏配合 PLC 实现人机交互，通过人机交互界面实现对水肥一体化系统的控制。人机交互界面包括开机界面、自动控制、手动控制、设备信息界面、历史数据界面和灌溉动态界面，可进行定时灌溉、定量灌溉、分区轮灌、浓度调整等操作。灌溉动态界面主要以图形的形式展示当前主管道水流方向和

水肥的 EC、pH 等重要参数信息及系统实时运行情况，如图 3-5 所示。

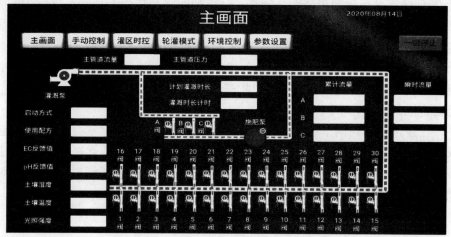

图 3-5　系统运行触摸屏人机交互图

采用 McgsPro 组态软件编写触摸屏程序，通过 Modbus tcp 协议进行远程通信，实现远程控制。McgsPro 组态软件是由昆仑通态科技有限公司推出的一款应用于触摸屏编写的软件。触摸屏的控制面板包括启动方式、使用配方、EC 反馈值、pH 反馈值、主管道压力、主管道流量、计划灌溉时长、累计灌溉时长、累计流量及瞬时流量等动态信息。EC、pH 的反馈值由传感器获取，流量和压力的反馈值由安装在主管道上的压力表和流量计获取，灌溉时长、灌溉浓度等历史数据全部支持表格形式下载，便于后期参数优化和分析。

（二）控制系统程序设计

PLC 作为整个系统的控制中枢，在处理信息上发挥着重要的作用。采用西门子编程软件以梯形图的形式编写 PLC 程序，使用 USB-RS232 通信网线完成程序下载。

传感器通信的设置：浓度检测、灌溉时间的确定主要取决于传感器采集到的数据，传感器的输出信号为 0～10V 的电压信号和 4～20mA 的电流信号，配合模拟量变送器使转换后的数字信号传送到 PLC 中。

基于 PLC 控制的浓度调节系统：本系统利用 PLC 修正脉冲时间系数的方式进行调整。在传统的单次灌溉施肥中，由于水压和水流速度的不稳定性，水肥浓度的预设值和实际配比值会存在一定的误差，传统的水肥一体化系统无法针对水肥浓度的误差进行有效改善。本浓度调节子系统设置了单独调节水肥浓度的小循环水肥浓度调整管路，利用传感器采集到的实时数据进行对比和计算，在单次的灌溉中传感器采集到的数据为 0～5 000 的数字量，采集到的数据与配方中设定的数值传输到 PLC 进行比较，把比较的差值经过 PLC 计算进行比例积分微分计算，计算的数字量转化为 0～24 678 的模拟量信号，经过线性变化后转成脉冲数，根据水肥一体机设定的 0～7s 脉冲周期，把 0～24 678 这个数字量再次转换成水肥一体机设定的脉冲周期，每一个数字对应着一个时间，PID 在运行中是动态的变化，PLC 最终输出的脉冲周期会随着数字量的变化而变化，用来控制吸肥器的通断时间，控制最终水肥混合液的浓度。

在经过一系列调整后，混合桶中的水肥浓度发生变化，若达到预先设定或者允许存在的误差内，小循环的控制阀则动作，小循环管路的电磁阀打开，使闭环管路变成开环状态，水肥混合液将进入输水网管中，进行灌溉动作。

（三）薯类作物水肥一体化远程控制技术

基于物联网开发了可运行于 Android 系统的"农老大"App，App 利用 Modbus ITU 协议通过 4G 与 DTU/4G 模块连接，通过 4G 模块使手机 App 向 DTU 发送字符串指令，DTU 与施肥机之间利用 Modbus ITU 协议，在下位机与 PLC 通过 RS485 进行通信，实现了水肥一体机的远程启停、远程监控、远程压力调节以及定时、定量、分区轮灌等功能，如图 3-6 所示。施肥机中的 PLC 自动对指令进行解码，经解码后由 PLC 控制驱动，控制施肥的相关按钮动作。系统所有的操作同步到 App，随时查询溯源信息，如图 3-7 所示。采集到的数据同步推送到手机 App 以供用户查看，如 EC、pH 传感器会将当前输水网管中的水肥浓度实时传送到手机 App 中，也可以根据当前的灌溉需求对水肥浓度进行调整。

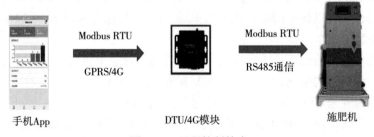

图 3-6　远程控制技术

为增强数据传输的稳定性并延长传输距离，升级 LoRa 通信模式为 4G 通信模式，便于水肥一体化灌溉机作业数据的云端传递，为大数据积累与分析奠定了基础。

根据薯类作物棵间蒸发和地表蒸发作用以及不同时期对水分的吸收速度，

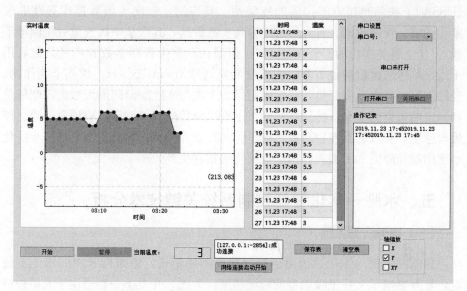

图3-7　溯源信息查询

建立了薯类作物吸水规律模型，根据模型与土壤墒情预测最优水肥作业时间与作业量，优化和改进了算法与模型，结合远程作业功能，实现了薯类作物生长周期内的精准化水肥作业。配合 App 实现了远程操控功能，足不出户便可操作。

此外，智能化生产水肥控制系统除具远程控制技术还有以下功能。

农田作业视频监控：摄像头上传采集到的数据到平台，可实现多维度视频直播，通过手机 App、PC 电脑、拼接指挥屏幕等进行视频影像的实时直播。

视频系统可与手机 App 联合使用，通过远程视频随时查看农田状态。针对当前水肥设备普遍存在的运行状态无反馈的弊端，升级改进远程视频检测系统、远程故障报警系统，实现了对水肥设备运行的立体化监控。

生长环境评分：根据传感器采集的历史数据，自动分析当前环境是否符合薯类作物生长的最佳状态，如图3-8所示。

农业决策支持系统模型

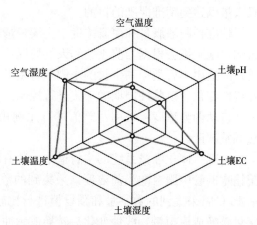

图3-8　薯类作物7日内生长环境评分

（DSSAT）决策种植方案：借助气象站、墒情站、中国土壤数据库等获取气象、土壤、管理数据（首先尽可能输入实测数据，其次从中国气象数据网等下载），建立薯类作物的 DSSAT 模型。模型在调整生育期参数和产量参数后用于指导单体肥试验种植方案，由养分专家（Nutrient Expert）根据上茬作物、经纬度等推荐逐日施肥量，每次施肥量为上次与本次灌溉间隔天数的需肥量总和，定期采集的土壤、植株样品通过土壤水分传感仪等测定，验证氮、磷、钾吸收速度，获取薯类作物对氮、磷、钾 3 种营养物质的养分需求，进一步优化水肥用量和降低水肥损失，推动规模化的粮食生产。

五、水肥一体化智能控制系统关键技术分析

（一）精确混肥系统

目前的水肥一体化系统由于控制精度不够精确，输水网管中的水压不稳定，显著影响了文丘里吸肥器的吸肥精度。为此，开发了一套适用于大田种植的薯类作物水肥一体化控制系统。

灌溉前，在施肥机控制界面提前设定肥料浓度的标准值，根据不同灌溉小区设置基质湿度的上下限数值。系统启动后，水泵引入灌溉水，经过滤器过滤。基质中的传感器将监测的数据通过无限传输模块 DTU 发送到施肥机中，施肥机根据此时的干湿度情况进行灌溉。待传感器监测的数值达到预设的上限值时，系统停止工作。

在灌溉过程中，使用 EC 值作为肥料的计算单位。传感器会监测当前文丘里吸肥器吸肥混合后的水肥混合液浓度，浓度达标则肥料进入主管道，不达标则通过稳压系统控制电机快慢，并通过改变水压的方式，调节文丘里吸肥器的吸入量以达到精准混肥的目的。

精准控制灌溉量和灌溉浓度：土壤墒情站和气象站将采集到的数据上传到云端，施肥机会根据当前土壤和天气情况计算出灌溉量和灌溉时间，与预先设定好的适用于薯类作物生长的水肥条件对比，将差值进行比例积分微分计算，经线性变化后以脉冲周期的形式进行控制。

自动调整浓度：采用对差值进行比例积分微分计算和 PID 闭环控制的方法调整浓度。

水肥一体化灌溉系统的主管道中，装有肥料浓度传感器。传感器会实时采集输水网管中肥料的当前浓度，采集到的数据为 $0\sim5\ 000$ 的一个数字量，然后 PLC 将采集到的数字量和预设值进行比较，差值经比例积分微分计算的数字量转换成模拟量，线性变化后转换成脉冲周期数。施肥机中设有 $0\sim7s$ 的脉冲周期，每个数字代表一个时间，PID 在运行中做动态变化，最终输出脉冲周

期，以此来控制吸肥器的通断时间和吸肥量的大小，从而自动调整输水网管中的肥料浓度。

水肥一体化灌溉系统主要性能：电压 380V、功率 1.5kW、主管道压力0.1~0.5MPa、进出水口径 DN32、通道数量 3 通道、单通道吸肥流量 100~600L/h、水肥浓度误差≤5%。

自动控制灌溉时长：系统带有 PLC，在整个控制系统中设有独立的灌区电子阀门，在 PLC 控制程序中添加定时器 C，达到预设值后，通过控制电磁阀门按钮进行动作，以此来控制灌溉时间。

（二）水肥浓度监测与数据传输技术

水肥一体化控制终端主要将采集到的数字信息整合、分析、处理、存储，然后通过对智能设备进行控制，完成薯类作物生长环境相关参数的优化。由于单个传感器采集的数据具有一定的局限性和不确定性，因此系统选用数据融合算法，并采用自适应加权平均算法。水肥一体化系统采集的数据经自适应加权平均算法的融合技术处理后，易得到被监测参数的一致性描述和解析。采用分散数据计算的方法完成数据的有效分析，方便排除无效传感器所探测的数据，但需要在数据融合之前检查传感器所探测的数据是否有较大差异，因为较大差异的数据会大大降低数据融合的准确度。通常使用的检查方法是比较测量值和事先假定值之间的差距是否大于阈值，若差距超过阈值就认定该传感器为无效传感器，则将该传感器所探测的数据从中清除。因此，经传感器处理后的数据为有效数据，进而经数据融合算法，最终可得到薯类作物种植生长环境的实时信息，如图 3-9 所示。

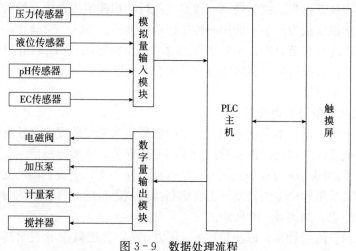

图 3-9　数据处理流程

（三）自动反冲洗技术

此技术应用两个过滤器和旁路水管通过电磁阀选择性通断实现，其工作时可以选择单通道过滤或者双通道同时过滤，在实施过滤动作时其主管路上一侧的电磁阀关闭并相应地打开过滤器下方的排污阀，实现水流回流至过滤器，使积累的污垢在排污口排出。应在管路的高压侧使用，此技术可有效避免管路的阻塞，延长机器及管带的使用寿命。

（四）水肥流量耦合分析

水肥一体化系统的吸肥部件中，创新性地设计了浓度循环检测装置。该装置主要由 EC、pH 传感器和阀门组成。在单次的施肥灌溉中，传感器会直接采集终端输肥管路中的水肥浓度，检测的数值传送到 PLC 中，然后计算差值，若误差数值超出设定范围则阀门自动关闭，再次进行施肥混合，直到浓度达标。相比直接向主管道中注肥，该技术显著提高了单次灌溉的水肥混合精度。

1. 水肥耦合过程分析

控制系统具有不确定性：水肥耦合控制系统根据 pH、EC 传感器采集的数据信息调节肥料、pH 调节剂的添加量，肥料和 pH 调节剂在混肥桶中实时混合，控制参数随环境改变而变化，因而很难获取水肥耦合准确的规律，使得控制过程复杂化。

传递函数具有非线性：水肥耦合控制系统涉及的传感器、计量泵、电磁阀等执行结构具有直观的数学模型，按照各执行结构控制机理建立的水肥耦合控制系统数学模型很难甚至不能用线性传递函数表示。

控制系统具有延时性：水肥耦合控制系统是将肥液、pH 调节剂及灌溉用水注入混肥桶，通过搅拌装置使其充分混合，充分混合需要一定时间，因此控制系统具有延时性。

2. 吸肥设备及流量计算

文丘里吸肥器。本系统采用文丘里吸肥器作为吸肥装置，文丘里吸肥器与微灌系统或灌区入口处的供水管控制阀门并联安装，水流通过供水管道进入滴灌系统，控制阀门前后有一定压差，使水流经安装文丘里吸肥器的支管时，用水流通过文丘里管产生的真空吸力将肥料溶液从敞口的肥料桶中均匀吸入管道系统进行施肥，如图 3-10 所示。

输水网管流量计算。以流量比 q、压力比 h、吸肥效率 η 表示其吸肥能力的强弱。

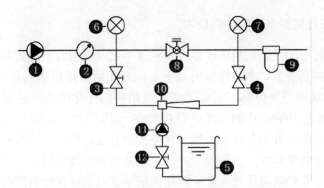

1. 主管道水泵 2. 流量计 3. 入水阀门 4. 出水阀门
5. 施肥桶 6. 压力表 7. 压力表 8. 调压阀 9. 过滤器
10. 文丘里管 11. 吸肥泵 12. 阀门

图 3 - 10 文丘里吸肥器结构图

流量比为：

$$q = \frac{Q_s}{Q_n} \tag{3-1}$$

式中，Q_s 为吸入口的流量；Q_n 为工作流体流量。

吸肥效率：

$$\eta = q\frac{h}{1-h} \tag{3-2}$$

式中，q 为流量比；h 为压力比。

符合吸肥条件的伯努利方程为：

$$\frac{V^2}{2g} + \frac{P}{\gamma} + Z = C \tag{3-3}$$

符合吸肥连续性方程为：

$$V \cdot A = C^2 \tag{3-4}$$

忽略管道的细小损失，则最终计算出公式为：

$$Q = \sigma \cdot \sqrt{-2g(h + \frac{P^2}{\gamma})} \tag{3-5}$$

式中，g 为重力加速度（m/s²）；P 为压强（N/m²）；Z 为流体质点的位置（m）；γ 为流体比重（N/m³）；A 为过流截面积（m²）；Q 为吸入流量（m³/s）；σ 为管道截面积（m²）；h 为吸水高度（m）。

根据公式推算，只有在 $h + \frac{P^2}{\gamma} \leqslant 0$ 时，肥料才会被吸入，才会有流体被吸入，达到吸肥效果。

（五）文丘里吸入量自适应技术

针对目前水肥设备肥料浓度差预设精度不足及混肥时间较短的问题，基于前期的脉冲控制装置，本研究提出基于水压变化的文丘里吸入量自适应技术。通过 Fluent 流体力学仿真，完成了文丘里结构的优化改进；通过流量、浓度传感器对输水循环管路中的浓度进行检测并与 PLC 建立信息通信；将采集到的数据进行比例积分微分计算，用对脉冲控制方法，控制主管道的水压力，减少了预设精度的肥料浓度差和混肥时间，且系统稳定性良好。

基于已研发的薯类作物水肥一体化滴灌系统设备，在肥料循环管道上装设远传压力表和浓度采集传感器，当传感器检测到浓度时向控制器发送信号，将采集到的数据差值做比例积分微分计算，将计算结果转换为脉冲函数，稳压系统根据当前误差数据，控制主管道中的压力增大或减小，带动文丘里吸肥器吸肥，完成浓度偏差的调整。上述技术使系统的整体混肥效果大幅提高，浓度实际测量值与预设值的误差保持在 5% 以内，调整时间保持在 8s 内，且吸肥流量最低保持在 300L/h。

提出了一种三变量协同优化方法。为了解决文丘里吸肥器吸肥精准控制差、受水压波动影响较大等问题，建立了吸肥的连续性方程和 N-S 方程。利用雷诺时均模拟方法的 k-ε 模型，分析了渐缩角 α、渐扩角 β、喉部直径 d_0 的结构参数对最终吸肥量、吸肥稳定性造成的影响。提出了 α、β、d_0 协同优化的方法，并进行了三因素二次正交回归组合试验及吸肥器内部流场分布、压力分布、肥料颗粒运动轨迹的仿真。搭建了文丘里吸肥量试验台来进行验证，试验表明优化后的文丘里吸肥器，在同入口压力下的最大单位吸肥量提高了 0.025kg/s，相对优化前单位吸肥量提高了 8.7%。

进行了吸肥浓度稳定性试验验证和试验分析。为了验证优化后的文丘里吸肥器在实际工作中吸肥浓度的稳定性，以薯类作物淀粉积累期的水肥耦合特性为例，在系统预设了一组浓度数值，EC 为 2 500μS/cm、pH 为 6.5。系统混肥动作开始后的 60～300s 内，每 60s 采集一次水肥混合液，共采集 5 组，每组进行 3 次重复试验，共进行 90 次取样。利用 DDS-307A 型 EC、pH 测量仪对浓度进行测试，试验结果表明：优化前的文丘里吸肥器平均 EC 浓度差为 94μS/cm，而优化后仅为 12μS/cm；优化前的文丘里吸肥器平均 pH 浓度差为 0.02，而优化后为 0.01，浓度稳定性显著提升。

六、本章小结

本章介绍的水肥一体化远程控制技术和浓度自动调整技术，采用智能传感机构获得真实的薯类作物需水数据，可用手机 App 控制以实现多地块同时灌溉，实现了大面积种植区的集中区域化管理，24h 全天候监测，整个种植区实现水肥一体化高效种植管理，减小了水肥浓度的误差；用脉冲控制的方式代替了传统的机械式水管混肥方式，混肥精度相比传统方式有了较大提升。

　　针对水肥一体化设备存在的弊端，薯类作物水肥一体化智能控制系统集土壤监测、气象监测、水肥浓度控制、视频监控、手机 App 远程控制、云平台在线展示等功能于一体，可针对薯类作物不同时期对生长环境需求的不同来制定灌溉策略。

第四章　薯类作物田间管理机械

在薯类作物生长过程中，病虫草害的防治是薯类作物田间管理的重要环节，解决病虫草害问题对提升我国薯类作物总产量、实现农民增收具有重要意义。化学防治是解决薯类作物病虫草害的主要防治手段。早期的化学打药主要依赖于人的参与，此方法难以保证喷药均匀，易造成农药的浪费，而且喷洒的农药易对人体生命安全造成损害，不符合"精准农业"和"绿色农业"的发展要求。随着机械化程度的提高，以机械代替人工的打药方式应运而生，不仅大大降低了人工打药的风险，而且减少了劳动力的投入。目前的喷药机械主要分为无人机作业和大型喷药机作业，由于无人机喷药存在载重低的问题，对于薯类作物这类大田作物一般依靠大型自走式喷药机进行作业。机械打药的作业方式极大地提高了作业效率，但目前许多喷药机械依赖于人工驾驶，未能完全实现无人化、智能化。因此，实现薯类作物喷药机无人化是当前需要解决的关键问题之一。

本团队以四轮自走式电驱动高地隙喷药机底盘机架为研究对象进行研发改进，底盘结构主要由驱动系统、控制柜与电气设备等组成。车架主要是承载电驱动高地隙喷药机各系统与零件的重量，因此车架的强度需要满足整机正常工作的要求，保证作业时的安全性。伺服驱动系统的主要功能是为车轮提供驱动力、转向力矩等，完成整机的正常行走与作业。电气设备由用电设备和电源装置组成，电源装置主要为电驱动高地隙喷药机提供电能，供给用电设备。

一、无人驾驶喷药机控制系统总体结构

无人驾驶喷药机控制系统的 5 个基本组成要素有信息感知系统、路径规划系统、运动控制系统、作业控制系统和远程管理系统。整体方案架构如图 4-1 所示。

主控制器负责处理传感器系统提供的信息和运动执行部件的反馈，通过控制算法得出各运动执行部件相应的控制量，通过控制器局域网络（CAN 总线）或串口总线发送到各运动执行部件的下位机系统。传感器系统提供车辆定位、车身姿态、车辆前轮转角等信息，作为控制系统所需的反馈。执行部件主要分转向控制、油门控制和作业切换控制 3 个系统，分别控制液压油缸、油门和作业喷杆。各执行部件由下位机开发板控制，与上位机通过 CAN 总线通信，负责响应主控制器通过总线发过来的控制指令，控制相应的机构运动，从而实现转向、调整油门位置和切换作业状态等功能。用户作业管理终端提供用户与无人喷药机交互的接口，可供用户远程监控农机运行状态、设定作业参数和发送关键控制指令等。此外，用户终端还可根据用户设定的作业参数自动进行路径规划，与主控器通过无线通信模块交换数据。

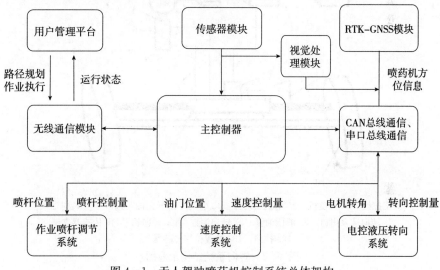

图 4-1　无人驾驶喷药机控制系统总体架构

二、无人驾驶喷药机执行机构

（一）转向机构

精准的自动转向控制是无人农机稳定行驶的必要条件。它可以自动调整无人农机的横向位置，是实现自动导航控制的基础。目前农机的自动转向方式大体分为电液控制转向系统以及通过控制器控制电动机带动车载方向盘实现车体的转向操作。本书中高地隙无人驾驶喷药机的转向系统是典型的电液转向系统，该系统采用闭环分体式液压转向机构，通过采用分体式液压泵，将液压转向机构独立出来，减少液压系统的复杂程度。

　　转向工作原理为控制器接收 RTK 模块发送的位置、航向角、速度等数据，与目标数据进行比较，得出差值。电机驱动器基于 RS232 串口的 Modbus 协议与控制器通信，可直接接收电机速度指令控制电机速度环。驱动电机接收信号切换转动方向时，进油口与出油口的液压油方向互换；换向后，转向油缸的压力方向转换，即实现转向油缸的推杆伸缩方向转换。液压转向系统执行动作后，拉线位移传感器会随着转向油缸推杆的伸缩而产生位移量的变化，其输出信号也会随之改变，控制器采集传感器数据后，将转向的实际值与目标值（每次转向角度控制的预期值）对比，并进行循环执行与判断。转向系统结构示意图和实物图如图 4-2、图 4-3 所示。

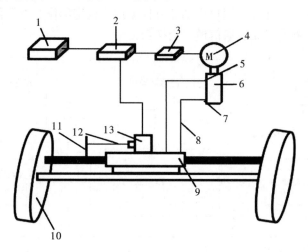

1. 工控机　2. 下位机　3. 电机驱动器　4. 电机　5. 转向油泵进口　6. 转向油泵
7. 转向油泵出口　8. 液压油管　9. 转向油缸　10. 转向轮　11. 传感器支架
12. 拉绳　13. 拉线位移传感器

图 4-2　转向系统结构示意图

（a）转向油缸推杆及拉绳　　　　　（b）拉线位移传感器

图 4-3　转向系统实物图

（二）电动推杆

试验中电动推杆的主要作用是控制喷杆臂的拉门开合，实物图如图 4 - 4 所示。结构中安装限位开关，伸缩杆达到顶点或者到达底部会自动停止，确保电机不会空烧。采用纯金属齿轮，无氧纯铜作为导体，具有低电阻特点。额定功率为 70W，额定电压为 24V，可实现带动物提、推、拉、升、降等操作。

图 4 - 4　电动推杆实物图

（三）油门舵机

本设计选用 SRC-MR 超大扭矩数字舵机作为油门舵机，最大扭矩可达 180kg/cm，油门舵机实物图如图 4 - 5 所示。该舵机可以进行限流操作，防止瞬间电流过大烧坏电机。当电机转速或者负载增大时，驱动电流也会随之增加，当电流增加到一定的程度，超过限流旋钮设定的限制电流时，驱动板不在

图 4 - 5　油门舵机实物图

输出驱动电机的电压和电流，电机处于没有任何驱动和刹车的状态，没有扭力输出。限流保护启动 3～4s 后，舵机会自行恢复运动，重新通电也会恢复运动。连接 12～24V 的直流电源，供电电源的电流尽量选择 5A 或者 5A 以上的，空载情况 5A 即可，带负载情况下，使用 10A 或者 10A 以上电源供电。

试验中选择 PWM 模式控制电机输出。PWM 接口是舵机控制 PWM 信号的输入接口，可输入周期 20ms，50Hz，脉宽在 1～2ms 或者脉宽在 0.5～2.5ms 的标准舵机控制信号。

三、无人驾驶喷药机控制系统设计

无人驾驶喷药机控制系统应用嵌入式技术，以研域 C5750S-C6 工控机作为本设计的核心控制部件，ST 公司 STM32F107 为底层主控芯片，利用

RTK-GPS模块进行定位。硬件系统主要包括工控机、嵌入式 STM32F107 开发板、RTK-GPS 模块、视觉检测模块、无线数传模块、雷达检测模块等，用来实现喷药机行进过程中下位机的自动控制，控制系统硬件实物图如图 4-6 所示。

图 4-6　控制系统硬件实物图

（一）无人驾驶喷药机控制系统硬件设计

1. 工业控制计算机

本设计采用研域 C5750S-C6 工控机作为本设计的核心控制部件，负责进行参数解算以及导航决策，其中集成了 Intel® 酷睿 I5-7360U2.3GHz 双核四线程处理器，支持 Windows/Linux 开发，具有 6 个 USB 双网口、6 个 RS232 串口，两个支持 RS485 通信在保证信号传输速度的基础上，性能也相对稳定。供电方式为 DC 12V。工控系统通过 CAN 接口与下位机开发板进行通信，将得到的参数进行控制信号的转换。

2. STM32F107 下位机开发板

本设计采用的下位机主控芯片为意法半导体公司推出的全新 STM32 互连型（Connectivity）Cortex-M3 系列产品——STM32F107VCT6 单片机控制板，该控制板上集成了各种高性能工业标准接口。STM32 的标准外设包括10 个定时器、2 个 12 位 1M sample/s AD（模数转换器）（快速交替模式下2M sample/s）、2 个 12 位 DA（数模转换器）、2 个 I2C 接口、5 个 USART 接口、3 个 SPI 端口和 1 个高质量数字音频接口 IIS，另外 STM32F107 拥有全速 USB（OTG）接口、两路 CAN2.0B 接口以及以太网 10/100 MAC 模块。此芯片可以满足工业、医疗、楼宇自动化、家庭音响和家电市场多种产品需求。

3. 降压模块

整个控制系统硬件电路板需要通过对车载端 48V 电瓶进行降压后供电。

通过 5A 大功率 75W 降压模块稳定到 5V 电压给单片机供电，降压模块如图 4-7 所示。选用风帆蓄电池作为车载电瓶，输入电压 48V，最大电压 51.7V，额定容量 115Ah，参考重量 13.1kg。选用 3S 锂电池作为给车体调试用无线数传及 RTK-GPS 基站供电的电源，电池选用 XT60 接口，额定电压 11.1V，最大电压 12.4V，容量 3 500mAh。遥控端供电电源为 AT10 遥控器专用的 3S 锂电池，额定电压 11.1V，容量 2 200mAh，设置了 10.8V 低压警告，最大电压 12.4V，重量约 123g。

图 4-7　降压模块

4. 驱动模块

高地隙底盘由一台直流无刷电机作为动力，使用 DC48DP500-800 BL-R01 驱动器驱动电机，驱动器实物图如图 4-8 所示。驱动器两侧分别为直流无刷电机的电源接口和三相接口，电源接口接 48V 直流电源，三相接口分别接直流无刷电机的 A、

图 4-8　驱动器实物图

B、C 三相。通过 DC48DP500-800 BL-R01 驱动器的控制端口实现串口通信，接收来自上位机的决策数据，进而控制直流无刷电机。

5. 光耦继电器模块

光耦继电器是具有隔离功能的自动开关元件，信号具有单向传输的特点，输入端与输出端完全实现了电气隔离，具有良好的电绝缘能力和抗干扰能力。另外，光耦继电器工作稳定、无触点、使用寿命长、传输效率高，目前被广泛应用于遥控、遥测、自动控制、机电一体化及电力电子设备中。模块采用拥有容错设计的贴片光耦隔离技术，即使控制线断开，继电器也不会动作，接口均可通过接线端子直接连线引出。模块触发电流为 5mA，工作电压有 5V、12V、24V 可供选择。模块可以通过跳线设置高电平或低电平触发，使用方便简单。控制板中，继电器的主要作用是用来控制车体的转向控制器，以及控制电动推杆的伸缩和电机的开关。光耦继电器模块实物图如图 4-9 所示。

6. 遥控器及接收机

喷药机遥控器选用乐迪 AT9S Pro 型号航模遥控器，搭配 R9DS 接收机完成遥控操作。遥控器采用 DSSS&FHSS 混合双扩频技术，共 16 个信道，16 个信道位随机跳频，具有较强的避干扰与抗干扰功能，复杂丘陵山区环境下仍能稳定控制。遥控器采用高效的开关电源，一块 2 200mAh 的 3S 锂电池便实现 5h 可持续供电，供电电流低达 90mAh，具有绿色低功耗的特点。

图 4 - 9　光耦继电器模块实物图

在设计时，通过 PCB layout 设计，有效降低了开关电源对信号的干扰，舵机输出稳定度达到 0.5μs。遥控器电源采用通用 JST 电池接口，7.4～18V 宽电压输入。支持 8 节 5 号电池或 2～4S 锂电池供电；同时，通过电路设计，真正实现插反自保护，电池插反无电流，无需担心因此损坏遥控器。双天线接收机 R9DS 拥有 9 个通道，支持 SBUS、PWM 信号输出，全角度信号覆盖。可实现距离地面 900m 稳定操控。

设计中，将遥控器左侧滑竿作为电机控制信号，右侧滑竿作为方向控制信号，喷药机的喷杆升降与作业由左侧三档开关控制，而右侧的两档开关则用于信号保护。遥控器开关作为手动、自动切换信号。其中，遥控器具有最高的优先级，当遥控器开关打开，切换为手动控制时，自动驾驶模式将被人工遥控模式接管。单片机通过定时器输入捕获功能捕获接收机上的信号量，从而实现对车体的间接操控。AT9S Pro 遥控器与 R9DS 接收机实物图如图 4 - 10 所示。

（a）AT9S Pro 遥控器

（b）R9DS 接收机

图 4 - 10　遥控器与接收机实物图

7. 组合导航模块

导航定位是本设计方案的核心技术之一，RTK-GPS 的精度是确保车体路径跟踪准确性的必要因素。通常单 GPS 导航系统的定位精度在米级，而对于农机这种需要精准作业的设备，必须提高定位精度才能实现准确作业，现采用卫星定位与惯性测量相结合的组合导航技术。该技术的原理为：两台 GNSS 信号接收设备，一台用于定位，一台用于定向。将两条 GNSS 天线分别安装在高地隙的顶端平整的台架上，此时获得车身的准确位置坐标以及航向，如图 4-11 所示。本设计使用的 RTK-GPS 模块为上海华测导航技术股份有限公司的 CGI-410 组合导航，内置高精度 MEMS 陀螺仪与加速度计，支持外接里程计进行辅助。CGI-410 主机如图 4-12 所示。

（a）前端蘑菇头天线　　　　（b）后端蘑菇头天线

（c）4G天线　　　　（d）蘑菇头安装位置

图 4-11　定位模块安装实物图

图 4-12　CGI-410 主机

组合导航模块具有以下 8 个特点。第一，采用高精度定位定向 GNSS 技术，支持 555 通道。GPS：L1C \ A \ L1C \ L2P \ L2C \ L5。GLO：L1C \ A \ L2C \ L2P \ L3 \ L5。BDS：B1 \ B2。Galileo：E1 \ E5a \ E5b \ E5AltBOC。第二，采用 2.5°零偏的高精度陀螺和加速度计。完善的组合导航算法，能提供准确的姿态和厘米级位置信息。第三，支持 WIFI 无线接入，支持网页访问，方便用户配置。第四，支持 4G 全网通。第五，最高支持 100Hz 数据更新率。第六，支持外接里程计。第七，IP67 防水等级。第八，紧凑的内部减震技术，振动和冲击适应性强，可靠性高。

8. 状态感知模块

（1）激光雷达、光照度以及温湿度传感器

由于无人农机作业环境较为复杂，作业时无法避免会存在障碍物等，因此，需考虑加装相应的传感器模块，避免安全隐患的发生。考虑到超声波传感器或存在易受外界声波干扰的情况，因此选用了激光雷达模块用于检测障碍物。该模块选用 WLR-718（NPN）型防撞激光雷达，供电电压为 9～28V。该模块的测量原理为，防撞雷达通过红外线发射器向目标物体发射激光脉冲，经过物体表面发生漫反射之后的光会被雷达自带的传感器接收。在激光发射速度一定的条件下，通过计算来回激光往返运动的时间，就可以求出雷达到目标物体的距离，从而实现车体的障碍物检测避障操作。产品参数如下：量程 0～5m，测量精度 2cm，采样率 2K/s，扫描频率 6Hz。除此以外，本设计还增加了光照度以及温湿度传感器模块，用于作业环境的检测，并将相应的数据传输到用户端，便于用户根据作业区的天气状况及时对作业任务进行调整。防撞激光雷达以及光照度及温湿度传感器实物图如图 4-13 所示。

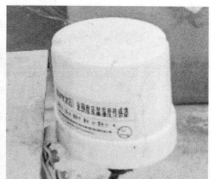

（a）防撞激光雷达　　　　　　　　（b）光照度及温湿度传感器

图 4-13　实物图

（2）视觉传感器模块

为提高喷药机田间作业时的灵活性，弥补惯导定位误差随时间增大的问题，本文设计了视觉导航辅助控制方案。视觉导航的关键问题在于环境感知、信息处理、控制决策。本设计选用 ZED 相机作为系统的感知模块，用于捕获田间的导航信息，ZED 相机具有 $2\mu m$ 像素尺寸、400 万像素分辨率高性能图像传感器，可以在具有挑战性的环境中运行。ZED 相机安装在高离地喷雾机前部，距地面 200cm，与地面成 70°水平角（图 4-14）。采集到的图像单目尺寸为 1 280×720 像素。具体参数如表 4-1 所示。

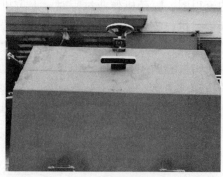

（a）ZED相机　　　　　　　　　（b）相机安装位置

图 4-14　相机实物图以及安装位置

表 4-1　ZED 参数

指标	参数
输出分辨率	4 416×1 242（2k）、3 840×1 080（1 080P）、2 560×720（720P）、1 344×376（WVGA）
尺寸大小	175mm×30mm×33mm
视场	90°(H)×60°(V)×100°(D)
光圈	$f/2.0$
功率	USB 5V/380mA

（二）无人驾驶系统软件设计

硬件平台搭建完成后，还需设计上位机程序，上位机通过数据传输与无人驾驶喷药机底层控制器实现通信，从而达到无人喷药机的作业要求。需要对 RTK-GPS 报文进行分析及提取，并生成地理信息图，从而利用组合导航系统进行精准定位。另外，用户管理平台的设计也是必要的，并且需要实现管理平台与无人驾驶喷药机的通信功能，这样用户才可通过管理平台实现自主路径规划和作业执行。需要建立路径跟踪控制算法，通过增量 PID 控制算法实现无人喷药机的路径跟踪功能；需要通过软件仿真，确定路径跟踪控制算法的可行性。

1. 下位机软件设计

下位机软件是喷药机无人驾驶控制系统的重要组成部分。下位机软件使用 C 语言在 Keil 5 软件中编写。通过控制 STM32 单片机的端口以及部分外设，来控制硬件电路中的各个元件动作，或实现与系统中其他部分之间的通信。本节将对喷药机下位机软件的组成进行介绍。如图 4 - 15 所示是下位机软件控制的流程图。喷药机作业过程时，上位机管理系统经无线传输发送路径规划信息到工控机，收到的路径和规划信息与传感器传来的喷药机位置和姿态信息，一并送入数据处理模块，解算出路径跟踪误差值，传递给相应的控制器，以控制算法为核心的控制器输出控制量，控制量经解算后，将其变成相应的电信号，传给硬件电路；硬件电路再把电信号变为机械运动，带动喷药机的执行机构，使喷药机进行动作。最后再将传感器得到喷药机位置和姿态信息传递给上位机和下位机软件，进入下一个循环。

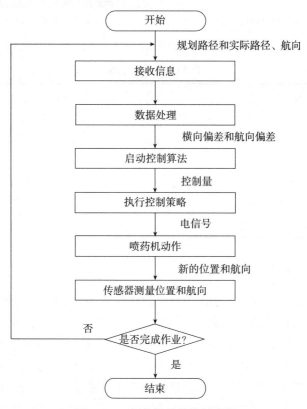

图 4 - 15 下位机软件控制流程

2. 舵机驱动与推杆驱动

舵机和电动推杆（仅有完全收缩和完全伸展两种状态）是两种驱动较为简单的电控元器件。普通电动推杆仅需继电器开关控制，正向导通时，电动推杆将伸展，反向接通时则收缩。因此，本文使用一组两个的继电器，用于控制电推杆动作，程序中仅对 STM32 的通用 IO 口操作。

舵机的驱动方式是向其信号线输入 PWM 信号。如图 4 - 16 所示，以 180°旋转的舵机为例，说明舵机的驱动原理。市面上常见的舵机一般都规定，控制脉冲的周期为 20ms 一次，脉宽设定在 1~2ms，偶尔也会出现 0.5~2.5ms 的情况。如图 4 - 16 所示，当舵机没有接收到 PWM 信号时，维持原位不动；当舵机接收到脉宽为 1ms、周期为 20ms 的 PWM 信号时，会转动到设置的 0°位置；当舵机接收到脉宽为 1.5ms、周期为 20ms 的 PWM 信号时，会转动到设置的 90°位置；当舵机接收到脉宽为 2ms、周期为 20ms 的 PWM 信号时，会转动到设置的 180°位置。

因此，控制舵机的关键在于角度转换为 PWM 脉宽，然后向舵机发送特定的 PWM 信号。本研究选用的 STM32F107VCT6 单片机的定时器具有 PWM 发生功能，在设置模式并初始化之后，调用库函数中的 TIM _ SetCompareY（TIMX，num）（其中 Y 为通道编号、X 为定时器编号、num 为高电平时间），即可改变发生的 PWM 信号的占空比，完成对舵机的控制。

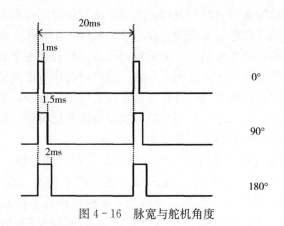

图 4 - 16　脉宽与舵机角度

3. RTK-GNSS 的报文解算

无人喷药机的导航数据来自车端搭载的 RTK-GNSS 系统的测量数据，以报文形式发送给用户。RTK-GNSS 系统测量数据遵循 NMEA-0183 协议，该协议应用最为普遍，NMEA-0183 协议的制定使各个 GNSS 导航系统具有了规范性。本研究使用的上海华测导航技术股份有限公司的 CGI-410 型 RTK-

GNSS 设备，提供的报文是该公司在 NMEA-0183 协议格式的基础上，参照 ＄GPCHC 命令的写法和解算方式定义报文。该报文可提供十几种姿态信息、设备信息、时间等。报文的基本格式如下：＄GPCHC，GPSWeek，GPSTime，Heading，Pitch，Roll，gyro x，gyro y，gyro z，acc x，acc y，acc z，Lattitude，Longitude，Altitude，Ve，Vn，Vu，Baseline，NSV1，NSV2，Status，Age，Warming，Cs＜CR＞。

报文的结构分为帧头、帧尾以及帧内数据 3 种。其中 Heading，Pitch，Roll，Lattitude，Longitude，Altitude 分别代表了偏航角、俯仰角、横滚角、纬度、经度和高程。通过以上数据便可得知喷药机的实时状态，其他数据可忽略，因此需要对报文进行解算。

解算报文主要分为两步，首先对数据流中的报文信息进行截取，然后对截取的一帧报文信息进行分割得到导航需要的信息。本文使用 STM32 单片机串口自带的空闲中断，该中断表征串口的空闲状态，在频繁的数据传输中，该中断会在每一帧数据传输结束后、下一帧数据还未到来前出发，较好地分割了数据帧。根据 NMEA-0183 协议格式的特点，以逗号作为相邻两个数据的分隔，因此在分割数据时，根据数据位定义检测","标志的个数，并提取两个分隔符之间的内容。流程如图 4-17 所示。

4. 上位机与下位机通信设计

上位机主要完成路径规划设计与喷药机端的监控任务。上位机的路径规划是指在无人喷药机未进行自动控制前，人工在地理信息图内对喷药机路径进行标点，确定喷药的作业路径及喷药作业范围，RTK-GPS 模块通过对标记的点进行解算，得到对应的坐标信息，电机标记任务点将目标点下载到数组中。上位机界面分为非作业区和作业区两个区域。用户可在作业区内实现任意合理的作业路径设置。用户管理平台通过特定的无线数传串口设置，实现管理平台与无人喷药机的通信。对线路进行规划后，通过单击发送按钮，便可完成管理平台与无人驾驶喷药机的通信，操作简单方便。

为制定满足无人驾驶系统需求的通信协议。在软件方面，制定了相应的通信技术规范。如表 4-2 所示，无人喷药机控制系统与上位机软件实现数据传输主要分为 3 种情况。首先，考虑无人喷药机作业的核心功能，即路径规划与路径追踪，上位机软件需要将人为规划好的路径以坐标点的形式发送给无人喷药机控制系统；其次，喷药机运行的实时位置、姿态数据以及各种状态传感器所检测到的状态，也需要发送给上位机；最后，考虑连接的稳定性，上位机每隔 200ms 向无人喷药机控制系统发送确认连接状态的数据包，判断得到回复或未得到回复两种情况，确认是否保持连接，其通信格式如表 4-3 所示。

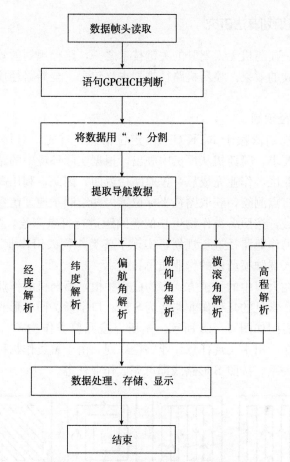

图 4 - 17 GNSS 数据采集与处理流程

表 4 - 2 上位机与下位机交流需求

操作类型	操作内容
路径规划	对作业路径和喷药范围进行规划，并发送给无人喷药机控制系统
实时信息传输	无人喷药机控制系统将农机运行的姿态以及检测的环境状况实时发送给上位机
判断连接状态	上位机每隔一定时间检查连接

表 4 - 3 上位机与下位机通信协议格式

说明	帧头		数据长度	标志位		数据位				CRC 校验位	
序号	1	2	3	4	5	6	7	8	9	10	11
帧数据	23	23	06	00	01	00	64	FF	DA	1F	B8

（三）路径规划算法研究

路径规划是喷药机无人驾驶的关键技术之一，路径规划的效果直接决定了喷药机无人驾驶的效果。喷药机路径规划主要包含了全局路径规划和局部路径规划两种方式。

1. 全局路径规划

全局路径规划依赖于 RTK-GNSS 定位信息。首先，对作业范围进行确定。按照作业要求，喷药机从厂房中驶出，根据实际环境中的路径行驶到达薯类作物农田作业区，作业完成后，按原路径返回。因此，利用高精度定位装置对作业区进行打点测绘，获取路径坐标位置，并绘制于地理信息图中。对于农田中的作业区域，按照薯类作物生长的垄间距进行打点测绘，生成规划路径。通过对喷药机的作业路径进行规划，实现了薯类作物大田作业区域的全覆盖，有效提高了无人驾驶喷药机的作业质量和效率。

薯类作物在大田中的种植方式多为成行种植，喷药机的作业形式为沿着作物行直线行进，常见的几种作业路线为 S 形、口字形、回字形和对角形。几种作业方式的示意图如图 4-18 所示。本研究按照薯类作物垄行进行了打点测绘，因此可以在大田中实现任意作业路径规划。由于薯类作物种植面积以及喷药机作业范围关系，按照 S 形路线即可完成作业任务。

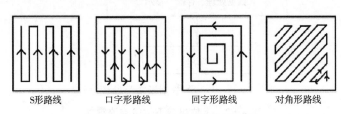

S形路线　　口字形路线　　回字形路线　　对角形路线

图 4-18　几种作业规划路线

农业机械在地块内的转弯形式有很多种，常见的有半圆形转弯、弓形转弯、梨形转弯和鱼尾形转弯等，几种常见的转弯形式如图 4-19 所示。考虑到试验地块较小以及喷药机械结构要求，本研究仅考虑了半圆形转弯方式。

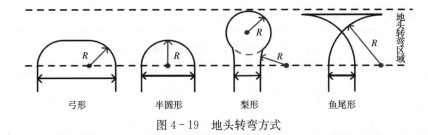

弓形　　　　半圆形　　　　梨形　　　　鱼尾形

图 4-19　地头转弯方式

2. 基于机器视觉的局部路径规划

由于田间作业环境复杂，薯类作物每季度的种植模式并不是完全相同，起垄位置也会随之改变。利用卫星导航进行作业时，需要建立精确的地理信息图，而起垄位置的不同，往往会影响地理信息图内的作业路径的规划。因此，本研究在薯类作物农田作业区进行了局部路径规划研究，利用机器视觉的原理实现喷药机对行矫正。整体的流程如图 4-20 所示。

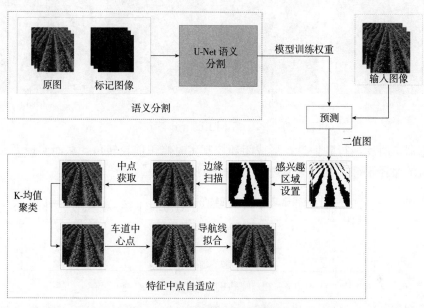

图 4-20　局部路径规划整体结构

薯类作物作物行分割与预测：根据视觉导航原理，依次进行灰度化、二值化、特征提取以及导航线拟合等步骤。首先，对薯类作物作物行进行分割处理，获取二值图像。考虑到喷药机实际作业时间可能涉及薯类作物的任意生长时期，而传统的灰度化、二值化处理方式不能满足其时间上的任意性。其次，田间杂草和光照也会对分割效果造成影响。因此，建立了各种工况（不同生长期、光照、杂草环境）下薯类作物作物行的数据集，并使用改进的 U-Net 语义分割模型对数据集进行训练，得到训练权重，其中数据增强用于防止训练过程中的过拟合。然后使用训练权重对新获取的图像进行分割，以获得薯类作物作物行和背景的分割掩码。分割结果如图 4-21 所示。

（四）无人喷药机路径追踪控制算法研究

对于农机导航控制系统来说，路径追踪算法通常将横向偏差和航向偏差作为输入，将前轮期望转角作为输出。经转向执行机构控制前轮转动相应角度，

图 4-21　不同工况下分割结果

传感器实时反馈行驶信息，形成闭环控制实时修正前轮转角，从而实现无人喷药机的路径跟踪。其控制原理如图 4-22 所示。

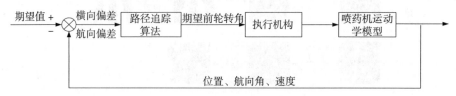

图 4-22　喷药机路径追踪控制原理

　　利用 GPS 采集直线导航路径上任意两点 A、B 坐标，GPS 定位数据经高斯克吕格投影变换到平面坐标系下，如图 4-23 所示，y 轴为北极方向，A、B 点坐标分别为 (x_1, y_1)、(x_2, y_2)。喷药机为前轮转向、四轮驱动。不考虑侧滑、俯仰等情况，将喷药机简化为二轮车模型。点 C（x_3，y_3）为机器人中心位置坐标。利用电子罗盘可测量机器人行驶方向与 N 极夹角 δ，可以通过 AB 直线方程求解机器人相对于导航路径的横向偏差 d 和航向偏差 φ。

　　设 AB 直线方程为：

$$Ax + By + C = 0 \tag{4-1}$$

已知直线上两点的坐标，可对常数 A、B、C 进行求解：

$$\begin{cases} A = y_2 - y_1 \\ B = x_1 - x_2 \\ C = x_2 y_1 - x_1 y_2 \end{cases} \tag{4-2}$$

机器人相对于直线导航路径的横向偏差为：

$$d = \frac{|Ax^3 + By^3 + C|}{\sqrt{A^2 + B^2}} \tag{4-3}$$

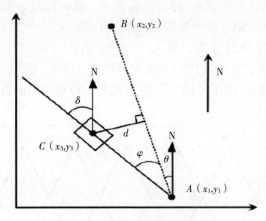

图 4-23　车体运动学模型

航向偏差为：

$$\varphi = \delta - \theta \qquad (4\text{-}4)$$

横向偏差的方向判断规定为直线导航路径 AB 左侧为负、右侧为正，判断方式为：当 $x_2 > x_1$ 时，横向偏差为正；当 $x_2 < x_1$ 时，横向偏差为负；当 $y_2 < y_1$ 且 $x_1 = x_2$ 时，横向偏差为正；当 $y_2 > y_1$ 且 $x_1 = x_2$ 时，横向偏差为负。

由于整个喷药机无人驾驶系统受到的干扰因子较多，系统很难用准确的数学模型进行描述。而模糊控制方法无须获得被控系统的准确数学模型，适用性较高，而且控制稳定性好，适用于农机田间自主导航控制。模糊控制的基本结构如图4-24所示，主要由模糊化、模糊推理、模糊规则和反模糊化4部分组成。

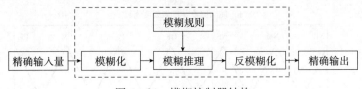

图 4-24　模糊控制器结构

模糊控制器的设计流程包括确定模糊控制器的输入和输出变量。

模糊控制可以有一个或多个输入和输出变量，随着输入变量的增加，系统的复杂度和控制精度也相应提高。本文将横向偏差 d 和航向偏差 φ 作为输入变量，输出变量为喷药机的前轮转角。

横向偏差 d 的取值范围设置为 [-90，90]，根据试验，在喷药机行进方向与规划路径所成角度超过30°时，喷药机将踩踏到作物，因此航向偏差 φ 的取值范围为 [-30，30]。而控制器的输出变量为喷药机前轮转角，其取值范围为 [-45，45]。

取模糊论域为 $[-3,3]$，将横向偏差 d、航向偏差 φ 和输出前轮转角 α 转换到模糊论域中，则尺度变换因数为 $k_d=1/30$、$k_\varphi=1/10$、$k_\alpha=1/15$。

定义模糊集合的划分为：负大（NL）、负中（NM）、负小（NS）、零（OK）、正小（PS）、正中（PM）、正大（PL）。对 d、φ、α 的论域按上述 7 个模糊集合进行划分，横向偏差 d、航向偏差 φ 以及输出前轮转角 α 变量的隶属度函数如图 4 - 25 所示。

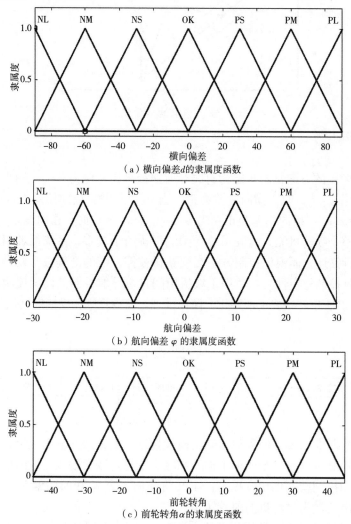

（a）横向偏差 d 的隶属度函数

（b）航向偏差 φ 的隶属度函数

（c）前轮转角 α 的隶属度函数

图 4 - 25　d、φ、α 各变量隶属度函数

控制模糊规则建立的依据是操作人员对农机作业手工操作的经验。直线行驶时，一般分为以下 9 种情况。$d<0$，$\varphi=0$，车辆应该向右转，且转角应该较大；$d=0$，$\varphi=0$，车辆应该保持原方向行驶；$d>0$，$\varphi=0$，车辆应该向左

转，且转角应该较大；$d<0$，$\varphi<0$，车辆应该向右转，且转角应该较大；$d=0$，$\varphi<0$，车辆应该向右转，且转角应该适中；$d>0$，$\varphi<0$，车辆应该向左转，且转角应该较小；$d<0$，$\varphi>0$，车辆应该向右转，且转角应该较小；$d=0$，$\varphi>0$，车辆应该向右转，且转角应该适中；$d>0$，$\varphi>0$，车辆应该向左转，且转角应该较大。

将以上偏差关系进行量化分析，对每个变量划分 7 个阶段，可总结出如表 4-4 所示模糊规则表。

表 4-4　模糊规则表

d \ α (φ)	NL	NM	NS	OK	PS	PM	PL
NL	PL	PL	PL	PL	PM	PM	PS
NM	PL	PL	NL	PM	PM	OK	NS
NS	PL	PL	PS	PS	OK	NM	NM
OK	PL	PM	PS	OK	NS	NM	NM
PS	PM	PS	OK	NS	NM	NM	NL
PM	PS	OK	NM	NM	NL	NL	NL
PL	NS	NM	NL	NL	NL	NL	NL

为了使以上控制规则更加直观，将各输入、输出变量的变化用曲面显示，如图 4-26 所示。

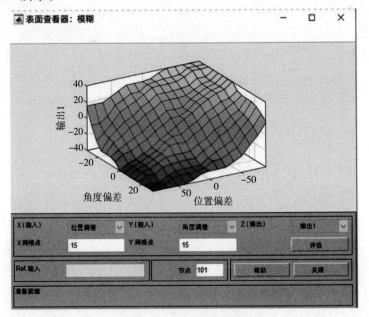

图 4-26　模糊规则曲面

四、本章小结

本章介绍了薯类作物无人驾驶喷药机的系统组成部分，主要分为硬件部分和软件部分。硬件部分包括硬件的选型和安装。软件部分首先介绍了喷药机无人驾驶系统的上位机和下位机的软件设计以及通信功能的实现，其次介绍了导航路径规划和路径追踪算法。

第五章　薯类收获技术

马铃薯和甘薯都是常见的地下块茎类作物，其在生长环境和收获技术方面有许多相似之处。马铃薯在国内是一种重要的粮食作物，需求量大、种植面积广。因此，马铃薯的机械化收获技术及装备在近十几年有了较快发展。虽然甘薯的收获技术与马铃薯的收获技术有许多相似之处，但由于甘薯的块茎形状和大小与马铃薯有所不同，因此需要针对甘薯的特点进行相应的调整和改进。总的来说，马铃薯和甘薯的机械化收获技术基本相似，并且在国内已经取得了一定的成果，但仍需要不断地改进和完善，以满足不断提高的生产需求。由于马铃薯与甘薯共性收获技术较多，下面以马铃薯为主对薯类机械化收获技术进行介绍。

一、振动式挖掘技术

（一）研究背景

挖掘铲作为马铃薯机械收获的关键装置，其性能的好坏直接影响马铃薯收获的质量和效率，而决定挖掘铲性能的优劣主要取决于入土难易程度、碎土大小情况及排土效果好坏。目前已研究出的挖掘铲有固定组合平面式挖掘铲和振动式挖掘铲。振动式挖掘铲收获时阻力小、入土相对容易，但由于其振动幅度等参数设计不合理，导致机具作业效果不理想、薯土分离效果差等。针对以上问题，对振动式挖掘铲结构参数包括铲体宽度、铲面倾角等进行了重新设计和计算，根据振动式挖掘装置的运动学分析与仿真完善了挖掘铲的工作性能，并对改进后的挖掘铲进行了田间性能可靠性验证，得到振动式挖掘铲的最优工作参数。

（二）振动式挖掘铲的工作原理

振动式挖掘铲有两种运动形式，一种是振动方向和挖掘铲切削土壤方向相平行的形式，另一种是振动方向和挖掘铲切削土壤方向相互垂直的方向。本文选取的振动式挖掘铲的运动形式为振动方向和挖掘铲切削土壤方向相互垂直的方向。当挖掘铲振动方向与切削方向垂直时，土壤受到两个方向的切削力，即沿切削方向的铲刀对土壤的劈刃力和垂直于切削方向的对土壤的激振力。此外，土壤内部本身也存在内聚力，当挖掘铲沿切削方向振动时，会产生连续且具有规律的激振力，此时土壤吸收部分振动的能量转化为自身的内应力，内应力的增大会破坏土壤本身的内聚力，从而引起土壤本身的破碎；同时，土壤破碎后会沿着铲刀刀刃划出，土壤与铲刀之间的摩擦力也会相应减小，也就是说振动式二维切削作用下的挖掘铲对土壤的破碎效果更好，且挖掘时的阻力更小。图 5-1 为两种振动形式的挖掘铲，图中左为沿切削方向的振动形式，右为垂直于切削方向的振动形式。

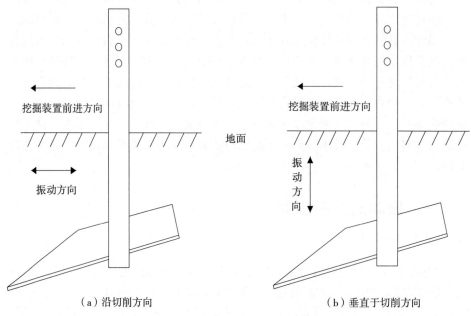

（a）沿切削方向　　　　　　　　　（b）垂直于切削方向

图 5-1　两种振动形式的挖掘铲

（三）挖掘铲参数设计

根据马铃薯种植条件、土壤性质等进行挖掘铲的设计，各项参数如表 5-1 所示。

表 5-1　挖掘铲几何参数

项目	参数
铲体宽度 B	850mm

（续）

项目	参数
铲面倾角 α	23°
铲体长度 L	120mm
铲刃夹角 γ	22°

1. 铲体宽度的设计

图 5-2 所示的挖掘铲为平面铲，设计的挖掘铲幅宽应稍大于马铃薯种植的垄宽，以防止漏挖现象的发生，另外，挖掘铲的宽度不能过宽，否则会造成挖掘阻力过大的情况。所以，如何在既能保证不漏挖的情况下尽可能地减小挖掘阻力是挖掘铲的设计关键。根据马铃薯的种植模式，设计该平面式挖掘铲，可以实现一垄马铃薯的收获作业，其挖掘铲宽度 $B=844$mm，故取铲体宽度 $B=850$mm，铲体长度 $L=120$mm。

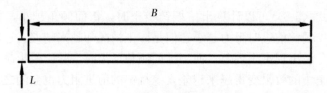

图 5-2　挖掘铲的外形尺寸

2. 铲面倾角的设计

合适的铲面倾角（$\theta°$）有利于将土石块顺利掀翻、挤碎，对马铃薯、土石块的混合物运输到杆条式升运装置有积极作用。因此，铲面倾角 θ 对于收获有很大的帮助。挖掘铲在挖掘过程中，主要会受到掀起的石土和马铃薯的重力（G）、沿铲面移动掘起物所需的力（P）、铲面对土壤的反作用力（R）、铲面对掘起物的摩擦力（T）的影响，对挖掘铲进行受力分析，如图 5-3 所示。

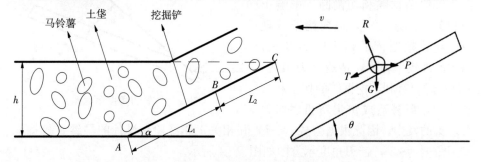

图 5-3　挖掘铲铲面受力情况

注：v 为机器的前进速度、θ 为挖掘铲的水平倾角、P 为从斜面移动使物体升起的力、R 为铲面对土壤的反作用力、G 为掀起的石土和马铃薯的重力、T 为铲面对掘起物的摩擦力。

根据相关的力学分析，可以得到以下公式：

$$\sum F_x = 0 \tag{5-1}$$

$$\sum F_y = 0 \tag{5-2}$$

具体的方程式如下：

$$R - P\sin R - P\sin\theta - G\cos\theta = 0 \tag{5-3}$$

$$P\cos\theta - G\sin\theta - T = 0 \tag{5-4}$$

$$T = \mu R \tag{5-5}$$

式中，G 为挖掘铲在土壤中受到掘起的土壤及薯块重力（N）；P 为马铃薯与土块等混合物被挖掘铲抬起时对挖掘铲的反作用力（N）；T 为铲与土壤的摩擦力（N）；R 为挖掘铲对土壤的支持力（N）；μ 为土壤与钢材料的摩擦因素，取值为 0.67。

$$\theta = \tan^{-1}\frac{P - \mu G}{\mu P + G} \tag{5-6}$$

通过公式（5-6）可以计算出挖掘铲铲土时，铲面倾角越小，挖掘铲切土效率越高，挖掘铲前进时阻力越小，但是碎土情况却越来越差，这时挖掘铲和铲体后半部分易出现壅土现象；而当铲面倾角增大时，碎土效果越来越好，但是铲体切入土壤的效果变得越来越差，挖掘铲的前进阻力也会随之增大，增加了功率消耗，对马铃薯收获机工作效率及收获成果造成不利影响。结合《农业机械设计手册》和计算结果可知，取铲面倾角为 23°（≤24°）。

3. 铲刃角度的设计

铲刃角度 α 应满足以下不等关系：

$$R_1\sin\alpha \geqslant F_1 \tag{5-7}$$

式中，R_1 为垂直铲刃方向的阻力；F_1 为土壤等杂物对铲刃的摩擦力。

α 过大时，挖掘铲铲刃不能将杂草等混杂物顺利切割断，影响土块和薯块的通过性，造成堵塞等现象，导致挖掘铲的切土阻力变大，增大额外效率输出，造成动力浪费；α 过小时，有利于挖掘铲的切土和入土能力，但易造成铲尖弯折、切薯等现象的发生。因此根据公式（5-7）和相关工作经验，设计的马铃薯挖掘铲铲刃角度为 22°。铲刃角度示意图如图 5-4 所示。

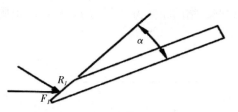

图 5-4 铲刃角度示意图

4. 过渡板的设计

马铃薯在收获时挖掘铲末端容易与夹带石块的输送杆条相碰撞，从而使得杆条发生变形或折断现象，而且容易产生壅土现象，针对这个问题，在挖掘铲后方铰接可以活动的过渡板装置，薯土混合物经由过渡板到达输送装置，当遇到硬石块时利用过渡板的可活动性可以避免对输送杆条造成损伤，有效降低壅土的程度。过渡板示意图如图 5-5 所示。

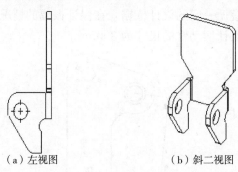

（a）左视图　　　　　　　　（b）斜二视图

图 5-5　过渡板示意图

（四）偏心振动装置的设计

马铃薯振动式挖掘铲的振幅通过改变偏心距进行调节，其挖掘铲的入土角度则是通过改变摇臂来进行调节。

1. 偏心距的设计

振动幅度是振动式挖掘铲收获的一个重要参数，当振动幅度过大时会增大挖掘作业的功率消耗，并导致挖掘时垄底不均匀，容易造成切薯现象；而当振幅过小时则无法达到良好的碎土性能的效果。偏心距是决定挖掘铲振动幅度的决定性因素，本研究采用可调节式偏心距，结合参数仿真优化和试验验证对偏心距参数进行自由调节，以此来确定最佳工作参数。图 5-6 为偏心距计算图。

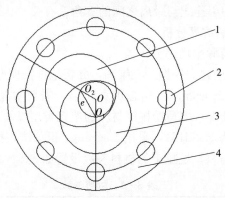

1. 偏心轴　2. 定位安装孔　3. 偏心轴　4. 偏心轴套

图 5-6　偏心距计算图

注：O 为圆 1 的圆心、O_1 圆 3 的圆心、O_2 为圆 1 的圆心、e 为偏心距。

2. 铲架长度

如图 5-7 所示为挖掘铲铲架，点 A 为铰支座中心，铰支座中心距离挖掘铲铲尖的距离为铲架摆动臂长度 L，摆动臂的尺寸对挖掘铲的振幅大小具有决定性作用，同时摆动臂过长会影响整机的质量和尺寸。因此，摆动臂的设计即铲架长度的设计要遵循一定的设计依据，在保证振幅的情况下要尽可能地降低整机的尺寸，本文设计摆动臂的尺寸为 300mm。

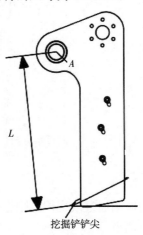

图 5-7　挖掘铲铲架

（五）振动式挖掘铲运动与仿真分析

1. 振动式挖掘铲运动分析

通过对振动式挖掘铲进行铲尖振幅计算和分析挖掘铲铲尖的运动轨迹，得出挖掘铲振幅 A 与偏心距 e、铲尖到摆动中心的距离 L、铲柄到摆动中心的距离 a、铲尖与摆动中心连线与距离之间的夹角 β 有关。

2. 振动式挖掘铲仿真分析

（1）挖掘铲固有频率模态分析

在 SolidWorks 中建立挖掘铲三维图，并将挖掘铲模型保存为 i. x-t 格式导入 Ansys 中进行模态分析，在模态仿真之前，需要对挖掘铲的实体模型的 Ansys 环境进行前处理，填写挖掘铲材料的单元类型以及各项性能参数。挖掘铲的铲片单元类型为 Solid164，采用 Lagrange 积分法，挖掘铲的材料类型为线性弹性各向同性材料。挖掘铲的材料参数设置如表 5-2 所示。

表 5-2　材料参数

密度/（kg/m³）	弹性模量/GPa	泊松比
7.85e-6	2.1e+2	0.3

对挖掘铲铲体进行网格划分，如图 5-8 所示，网格优化数选择 3，网格划分后划分节点为 20 855 个点，划分单元为 9 694 个。对挖掘铲施加约束后对挖掘铲的前六阶模态进行约束分析，通过分析可以获取挖掘铲的固有频率的每一阶的取值，如图 5-9 所示。

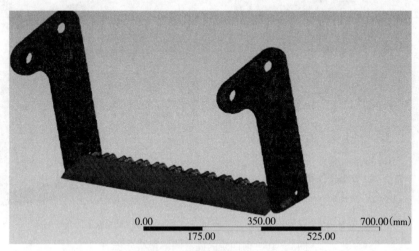

图 5-8　挖掘铲网格划分

表格数据			
序号	模式	☑	频率（Hz）
1	1.		20.965
2	2.		21.256
3	3.		90.359
4	4.		92.960
5	5.		97.305
6	6.		99.173
7	7.		107.220
8	8.		122.660
9	9.		160.970
10	10.		166.180

图 5-9　挖掘铲固有频率设置

挖掘铲在振动时，低阶模态对振动频率的影响较大，因此对挖掘铲模态的前四阶模态的振型进行分析，图 5-10 为马铃薯收获机挖掘铲的前四阶的固有频率振型分析。

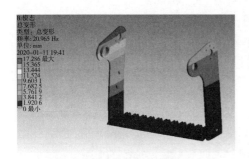

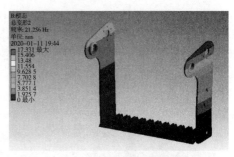

（a）一阶振型仿真结果图　　　　　　　（b）二阶振型仿真结果图

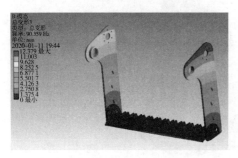

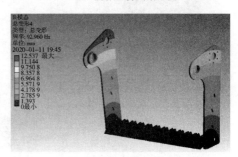

（c）三阶振型仿真结果图　　　　　　　（c）四阶振型仿真结果图

图 5 - 10　前四阶的固有频率振型分析

挖掘铲的前四低阶频率固有值为 20.965Hz、21.256Hz、90.359Hz、92.960Hz，本文设计的针对挖掘铲的频率为 5～20Hz，不足以产生发生共振的条件。

（2）基于 LS-dyna 的挖掘铲-土壤动力学分析

土壤的材料参数如表 5 - 3 所示，由于土壤的各方向尺寸没有边界，实际分析时不需要那么大的模型，在比较挖掘铲的三维尺寸时，为保证分析效果，可将土壤模型的三维尺寸设定为 1 200mm×600mm×500mm，挖掘深度设定为 250mm，同时分别对挖掘铲的入土角定义为 10°、15°、20° 3 个角度，进而分析不同挖掘入土角度、不同振动频率、不同振幅对挖掘铲所受到的阻力的影响规律，如图 5 - 11 所示。

表 5 - 3　土壤材料参数

密度/（kg/m³）	土粒比重	土壤含水率/%	剪切模量/GPa	内摩擦角
1.99e－6	2.68	18	1.8e－2	0.436

由图 5 - 11 可知，挖掘阻力随着入土角度的增大而增大；随着振动频率的增大先减小后增大，阻力最小时振动频率为 10Hz；随着振幅的增大先减小后增大，阻力最小时振幅为 6.8mm。

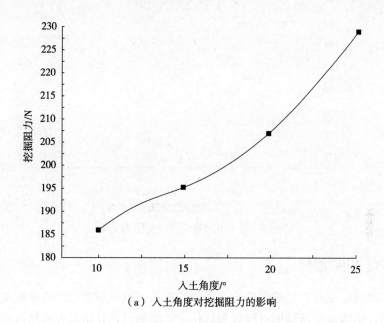

（a）入土角度对挖掘阻力的影响

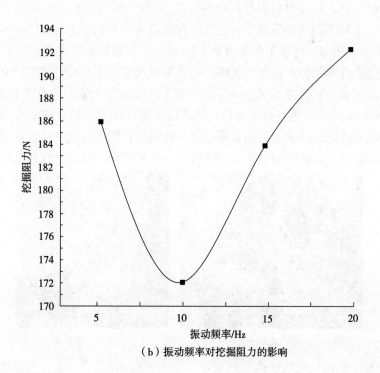

（b）振动频率对挖掘阻力的影响

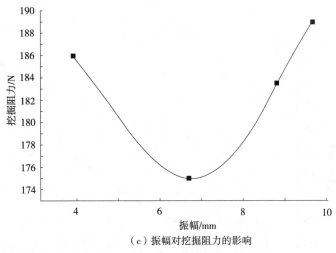

（c）振幅对挖掘阻力的影响

图 5-11　不同自变量挖掘阻力变化

（六）田间试验

　　本次试验主要针对挖掘输送过程中的损伤问题，对整机的收获质量进行试验研究，试验以收获期的马铃薯为材料。试验地点选在山东省青岛市胶州市胶莱镇大赵家村，试验材料为收获期的荷兰 15 号马铃薯品种，试验地平坦、无障碍物，土壤类型为砂质壤土，土壤的含水量为 18 ％，垄宽为 430mm，垄高为 250mm，相邻马铃薯垄的距离是 1 000mm，配套的动力是东方红 1304，选取机器作业性能指标，包括伤薯率、明薯率以及含杂率等进行试验研究。以马铃薯收获机质量评价技术规范（NY/T T648—2015）行业标准作为标准要求，利用 Design Expert 进行数据分析，从而得出最佳作业参数，进而为马铃薯收获机的改进优化提供强有力的数据支持，使得设计的马铃薯联合收获机达到良好的作业效果。田间试验如图 5-12 所示，结果表明，马铃薯收获机平均明薯

（a）损伤薯块称重　　　　　　　（b）机收薯块称重

图 5-12　田间试验

率为 98.34%，平均伤薯率为 0.18%。

二、对垄限深技术

（一）研究背景

针对我国马铃薯在播种过程中容易出现地垄偏斜、播种机具跑偏等造成马铃薯垄长弯曲；在收获时，由于对垄不准出现机具跑偏或挖掘过浅造成漏挖、切薯，挖掘过深增加不必要的动力损耗等问题，研究开发了马铃薯智能联合收获机。该收获机采用仿形传感机构获得真实的地形数据，结合电液控制系统，实现收获机的自动对垄动作，达到马铃薯收获机沿地垄进行收获；研究挖深调控技术，选取数据集成和仿形传感技术，实现挖掘收获机的挖掘调控动作。通过对关键技术的创新，大幅提高了我国马铃薯收获的自动化水平。

（二）对垄装置控制系统的设计

1. 对垄装置的结构及工作原理

对垄装置主要是位于收获机前端部分，主要包括探测装置和液压转向控制装置等。其中，探测装置主要包括限深轮、限深轮支架、红外漫反射激光光电开关、传感器固定架、限深轮平衡轴和限位弹簧等；液压转向控制装置可以分成换向阀、电磁阀、油箱和液压油缸等。

对垄装置以马铃薯垄的轮廓作为导向参照物，在行进过程中逐渐纠正机具的前进方向。工作时，限深轮与马铃薯垄上表面对齐，并利用限深轮的自重与马铃薯垄接触，实现限深轮沿垄运动。当限深轮跟随马铃薯垄运动时，限位弹簧具有一定的弹性，可以防止限深轮左右摆动，以免影响对垄效果。当机具在前进过程中发生偏转时，由于垄对限深轮的作用，限深轮会偏移出马铃薯垄的中心线，这时限深轮就会出现一边高一边低的现象，限深轮支架就会发生偏转，从而触动红外漫反射激光光电开关，将信号传递到 PLC 控制系统，通过 PLC 控制系统启动电磁阀，控制液压油缸实现马铃薯牵引臂的转向，从而达到对垄的目的。当限深轮回到马铃薯垄中心时，限深轮固定架回正，脱离红外漫反射激光光电开关感应范围，从而切断油路，液压油缸停止作业，实现一次对垄导向功能，最终实现减少马铃薯损伤、降低马铃薯漏挖、提高马铃薯收获质量的目的。

对垄装置是马铃薯智能联合收获机最重要的装置之一，对整个收获过程中对垄控制过程后续工作起到重要作用，针对马铃薯大垄双行农艺要求，借鉴国内较成熟的对垄导向装置，对限深装置进行了优化改进设计，将对垄装置与限深装置有机结合起来，当发生偏转时，限深装置两侧受力不均，通过这一特性，将限深装置的固定式限深轮改为能绕固定轴旋转的活动式限深轮，通过检测限深轮两侧的感应限深轮固定支架来实现对垄的目标。对垄限深装置整体结构如图 5-13 所示。

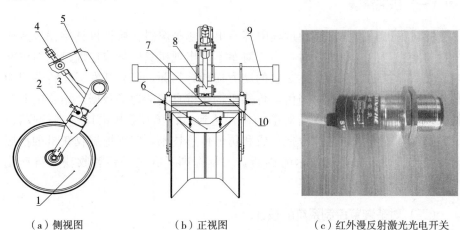

（a）侧视图　　　　　　（b）正视图　　　　　（c）红外漫反射激光光电开关

1. 限深轮　2. 限深轮固定支架　3. 红外漫反射激光光电开关　4. 丝杠　5. 丝杠固定架
6. 刮土板　7. 旋转装置　8. 导向轴　9. 限深轮连接圆管　10. 连接架

图 5-13　限深装置及传感器结构示意图

对垄装置与限深装置安装在一起，对垄装置与限深装置整体结构如图 5-14 所示，主要包括限深轮、限深轮固定支架、红外漫反射激光光电开关、丝杠、丝杠固定架、刮土板、旋转装置、导向轴、限深轮连接圆管、连接架等。

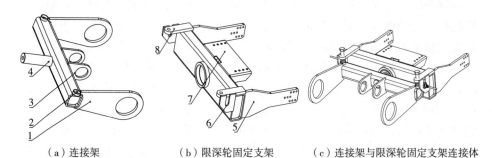

（a）连接架　　　　　（b）限深轮固定支架　　　（c）连接架与限深轮固定支架连接体

1. 圆管固定支架　2. 圆环　3. 导柱固定支架　4. 连接轴　5. 限深轮连接板
6. 传感器固定支架　7. 刮土板固定架　8. M14 的螺纹孔固定片

图 5-14　限深装置组件结构示意图

限深装置与收获机通过限深轮连接圆管进行连接，并通过丝杠调节限深装置距地面的距离来调节挖掘铲入土深度；设计的导向轴圆柱长为 100mm，圆柱半径为 250mm，在导向轴表面开有直径 26.5mm 通孔，用来连接丝杆，在导向轴端面开有 M14 的螺纹孔，与限深轮通过螺柱相连接；连接架一端和限深轮连接圆管固定连接，另一端和旋转装置连接；旋转装置主要由两个滚动轴承和旋转轴组成，旋转装置与限深轮固定支架连接，限深轮固定支架能通过旋转装置绕连接架相对转动。

如图 5-14a 所示，在连接架两端上边缘分别焊接有厚度为 2mm 的圆环，用来固定限位弹簧，可防止限深轮固定支架与连接架相撞；如图 5-14b 所示，在限深轮固定支架两端分别固定 80mm×80mm×6mm、中间开有宽度为 19mm 的传感器固定支架，用于固定红外漫反射激光光电开关，在两端的上边缘有两片带有 M14 的螺纹孔固定片，用于固定螺栓，螺栓从限位弹簧中间穿过，可防止限位弹簧因疲劳损伤而失效。连接架与限深轮固定支架组成的组合结构如图 5-14c 所示。

2. 对垄装置控制系统的设计

通过对限深轮分别进行垄上运动学分析和对垄准确性分析，使用 GX Developer 软件开发对垄控制系统，通过 PLC 控制整个液压系统，安装对垄控制系统的马铃薯收获机通过液压缸的伸缩实现牵引臂的左右摆动达到对垄的目的，限深装置的偏转方向与液压油缸的伸缩方向相反，控制系统要求限深装置每次对垄动作完成后能正确对准马铃薯垄，不出现过大、过小问题，这就要求对垄控制系统能持续不间断地进行检测，直至限深轮对正马铃薯垄而不出现偏转。不断检测限深轮是否对正马铃薯垄是控制系统的关键。图 5-15 为对垄控制系统的流程。

系统调节比例换向阀，通过液压缸的工作控制限深轮的偏转及回正，在正常工作时马铃薯收获机牵引臂液压缸的工作长度为 L，假设（$L+\Delta L$，

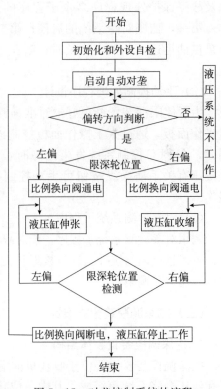

图 5-15 对垄控制系统的流程

L）是右偏转工作区，（$L-\Delta L$，L）是左偏转工作区，ΔL 是液压缸的伸缩值。由于限深轮与马铃薯垄存在摩擦以及液压油缸伸缩误差等因素的影响，限

深轮回正时不容易定位在一个固定值，因此限深轮偏转对垄控制系统和回正调节装置采用离散 PID 控制方式。PID 调节主要采用比例调节运算，因此控制响应快，同时附加阈值控制可以避免调节过程中对垄反应过于灵敏并抑制动态响应过程中的振荡倾向，其公式如（5-8）所示：

$$u(k) = K_p e(k) + K_i \sum_{j=0}^{k} e(j) + K_d \left[e(k) - e(k-1) \right] \quad (5-8)$$

式中，K_p 为比例系数；K_i 为积分系数；K_d 为微分系数；$u(k)$ 为第 k 个采样时刻控制器的输出量；$e(k)$ 为第 k 个采样时刻系统的偏差值。

根据对垄控制系统要求的设计，结合相关模块化的设计思想，对垄控制系统程序主要包括主程序、各子程序和相关的终止命令处理程序。

（1）主程序

主程序具备全面管理能力，能够高效地处理系统输出，并协同相关系统输出及子程序、对垄检测系统及判断程序、中断子程序、中断模块化处理程序及故障保护处理程序多个子程序的运行。主程序必须实现下面几方面工作：第一，监测对垄系统的启停；第二，控制整个液压系统的启停，要求液压泵供油迅速，断油也要及时；第三，判断有关逻辑术语和相关子程序故障处理。

（2）手动控制处理程序设计

为了使限深装置能更好地对准马铃薯垄，减少操作的复杂性，增设了人工操作面板。通过人工操作面板控制液压油缸，可以调节限深装置的位置。同时，在 PLC 控制系统发生故障时，可以通过人工操作面板进行对垄，通过按压有关手动操纵按钮可手动控制挖掘装置的左移和右移，降低马铃薯损伤。

（3）对垄检测系统子程序

调用对垄检测系统子程序，能对限深轮发生偏转时进行监测，并对监测结果进行信息反馈与统计。通过接近开关传感器采集左、右限位信号，对挖掘铲进行自动对垄调整。

（三）挖深调控装置的设计

1. 挖深调控装置整体结构

挖深调控装置主要位于收获机前端部分，主要由位移检测机构、挖掘装置和液压升降系统等组成。其中，位移检测机构主要包括位移测距线性传感器、传感器固定架、感应板等，挖掘装置主要包括挖掘铲和输送链，液压升降系统主要包括换向阀、电磁阀、液压油缸、油管和油箱等，如图 5-16 所示。

（a）三维模型图　　　　　　（b）位移测距线性传感器实物图

1. 限深装置　2. 感应板　3. 位移传感器固定板　4. 位移测距线性传感器　5. 液压升降系统

图 5-16　挖深调控装置整体结构

2. 挖深调控装置工作原理

挖深调控装置以马铃薯垄的轮廓作为挖深调控的参照物，在行进过程中能根据垄的高低起伏自动调节挖掘铲的入土深度。工作时，由于限深装置的自重，能与马铃薯垄接触压实。限深轮沿马铃薯垄运动时（图 5-17），当垄面出现高低起伏时，由于自重的作用，限深轮也沿垄面上下起伏运动，这时感应板也随着限深轮的起伏而起伏运动，位移测距线性传感器设定的与感应板之间的参照距离会随着感应板的变化而发生变化，根据设定的距离，PLC 控制系统会控制液压油缸伸缩，保持位移测距线性传感器与感应板的相对距离，从而达到挖深调控的目的。当实现位移测距线性传感器与感应板的相对距离时，PLC 控制系统会切断液压油缸油路，停止液压系统工作，实现一次挖深调控功能。针对马铃薯大垄双行农艺要求，借鉴国内较成熟的限深调控装置，对限深装置进行了创新性的优化改进设计，将挖深调控装置与限深装置有机结合起来，当垄面出现高低起伏时，由于限深轮的自重，会沿垄面起伏运动，通过这一特性，将固定式限深装置改为能上下运动的活动式限深轮，通过位移测距线性传感器检测限深装置的感应板的距离来达到挖深调控的目的。

3. 挖深调控系统的设计

挖深调控系统使用国产兼容三菱 FX3U 系列可编程逻辑控制器（PLC）作为控制器，采用 GX Developer 软件进行 PLC 程序开发。通过 PLC 控制整个液压系统。安装挖深调控系统的马铃薯收获机通过液压缸的伸缩控制挖掘铲的入土深度达到挖深调控的目的，限深轮上下运动的方向与液压油缸的伸缩方向相同，控制系统要求位移测距线性传感器与感应板之间始终保持一定的相对位置，不出现过大、过小问题，这就要求对垄控制系统能持续不间断地进行检测，直至感应板与传感器之间达到设定的相对距离。图 5-18 为挖深控制系统的流程。

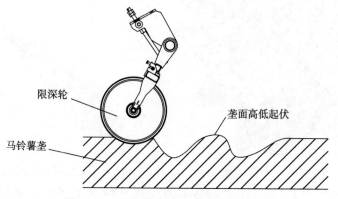

图 5-17　限深轮在马铃薯垄面运动情况

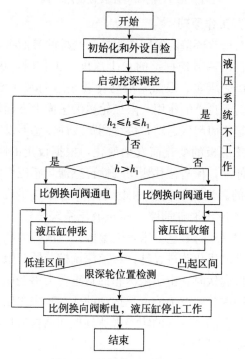

图 5-18　挖深调控系统流程

　　控制系统调节比例换向阀，通过液压缸的工作控制挖掘铲的入土深度，在正常工作时实际检测到的马铃薯收获机感应板与传感器之间的距离为 h，假设 Δh 是液压缸的伸缩值，则（$h_1 = h + \Delta h$，h）是低洼工作区，（$h_2 = h - \Delta h$，h）是凸起工作区（调控时在 $\Delta h \leqslant 5\text{cm}$ 范围内属于正常范围，系统不会发生反应）。

　　（1）主程序

　　主程序需要能够有效管理并协调相关系统的输出，同时调用和执行多个子程序，包括挖深检测与判断程序、中断子程序、中断模块化处理程序以及故障保护处理程序。主程序必须实现下面几方面工作：第一，监测对垄系统的启停，监测传感器与感应板之间的距离；第二，控制液压控制系统的启停，要求液压泵供油迅速，断油要及时；第三，判断有关逻辑术语和相关子程序故障处理。

（2）手动控制处理程序设计

为了使挖深调控装置能更好地实现挖深调控，减少操作的复杂性，增设了人工操作面板。通过人工操作面板控制液压油缸的伸缩，可以调节挖掘铲的入土深度。同时，在 PLC 控制系统发生故障时，可以通过人工操作面板进行挖深调节，通过按压有关手动操纵按钮手动控制挖掘装置的上升和下降。

（3）系统初始化及子程序处理

系统初始化及子程序处理，能在控制系统所有终止点正常工作下进行检测，并能对挖深动作进行规范。通过位移测距线性传感器采集位移模拟量信号，对挖掘铲进行自动上下深度的调整。

（四）田间试验

为了降低试验复杂性，提高结果的准确性，在上文所述的种植模式和试验环境前提下，考察马铃薯智能联合收获机工作质量及参数。根据相关参考文献及理论分析，本试验拟用三因素五水平通用旋转组合试验设计，以机组作业速度、入土深度、输送装置转速为因素，以明薯率、伤薯率和含杂率为目标进行试验设计。为降低试验所用次数、获取更多信息，本次选取二次通用旋转组合试验设计，并分别对明薯率、伤薯率和含杂率进行实验数据分析，采用 Design Expert 数据处理软件进行优化，得出在机组工作速度（v）为 1m/s、入土深度（l）为 253mm、输送分离装置转速（w）为 217 r/min 时，明薯率是 98.95%、伤薯率是 0.21%、含杂率是 2.38%，作业性能达到最优。田间试验如图 5-19 所示，在最优参数组合下安排田间试验并进行 5 次重复，统计田间试验数据并取平均值，最终得出马铃薯的明薯率、伤薯率和含杂率分别为

图 5-19　田间试验测试

98.75%、0.45%和2.57%，实验结果见表5-4。

表5-4 普通型马铃薯联合收获机与智能型联合收获机试验数据对比

项目	普通型马铃薯联合收获机	马铃薯智能联合收获机
明薯率/%	96.95	98.75
伤薯率/%	1.03	0.45
含杂率/%	2.87	2.57

三、S型链式马铃薯收获机输送分离技术

(一)研究背景

马铃薯为一株多果型根茎类作物，田间收获工序较为烦琐且作业要求比较高，一般要经过杀秧、入土挖掘、输送分离、茎块铺放和集薯等工序，其中入土挖掘和输送分离作业工序主要以机械作业为主。我国地形多样，土壤性质也不相同，主要以黏土、沙土、黑土为主。沙土地区马铃薯在收获过程中薯土分离效果较好；而山东、东北地区等马铃薯种植较多的黏土地区，马铃薯在收获时薯土分离效果并不佳，过度分离易造成马铃薯损伤，分离程度较轻则导致薯土分离效果欠佳。为了降低破损率，同时使薯土分离效果达到最佳，现对黏土地区马铃薯收获时薯土分离设计了S型链式马铃薯收获机。

(二)S型链式输送分离技术工作原理

S型链式输送分离装置通过振动装置及S型滚动摩擦原理将黏附在马铃薯上的土块松碎清除；经由集拢铺放装置将分离去土后的马铃薯块茎集中铺放至收获后的垄沟中部，便于后续的人工捡拾作业。S型链式输送分离装置的主要性能参数以及适配马铃薯收获机的性能参数如表5-5所示。

表5-5 性能参数

项目	参数
外形尺寸（长×宽×高）	2 270mm×1 470mm×1 080mm
结构形式	悬挂式
结构质量	508kg
配套动力	29.42k～44.13kW
传动形式	中央齿轮传动＋链传动
作业幅宽	1 300mm
作业小时生产率	0.3～0.4hm²

（续）

项目	参数
挖掘铲形式	双尖铲
挖掘深度	150～250mm
输送分离装置形式	S型链式格栅筛

（三）S型链式输送分离装置结构的确定

我国现有的输送分离装置主要包括升运链式输送分离装置、二级输送分离装置、圆辊式输送分离装置、拨辊推送式输送分离装置等。其中，圆辊式输送分离装置和拨辊推送式输送分离装置由于伤薯程度较为严重，影响马铃薯的外观及经济价值，因此仅小范围试制并未大范围推广。目前我国市场上常见的马铃薯收获机大多采用一级升运链式输送分离装置，也有部分机型采用二级升运链式输送分离装置。

如图 5-20（a）所示，一级升运链式输送分离装置主要靠摩擦力完成输送去土，具体受力分析方程如下：

$$\begin{cases} F_N = G_y = G\cos\alpha \\ F_x = F_V - G_x = ma \\ F_V = \mu F_N \\ G_x = G\sin\alpha \end{cases} \tag{5-9}$$

式中，F_N 为马铃薯受到的支撑力（N）；G 为马铃薯的重力（N），$G = mg$，m 为马铃薯质量（kg），g 为重力加速度（N/kg）；α 为输送分离装置的倾斜角度（°）；F_x 为马铃薯在输送分离装置上受到的线速度方向的合力（N）；F_V 为马铃薯受到的摩擦力（N）；G_x 为重力 G 的线速度方向分力（N）；G_y 为重力 G 的线速度法向分力（N）；a 为马铃薯加速度（m/s²）；μ 为土壤对输送分离链栅条的摩擦系数，土壤对钢的摩擦系数取值为 0.577～0.721。马铃薯加速度的计算公式如下：

$$a = g(\mu\cos\alpha - \sin\alpha) \tag{5-10}$$

通过以上分析可知，马铃薯在一级输送分离装置作业过程中以恒定的加速度向后输送。当输送行程较短时，马铃薯损伤较小但去土效果不理想；当输送行程较长时，去土效果较好但损伤严重。因此，马铃薯一级输送分离装置不能完全满足农户的收获要求，且会影响经济收益。

如图 5-20（b）所示，二级升运链式输送分离装置作业过程中，马铃薯经过第一级输送分离装置后，由于摩擦力的作用具有一定的速度 V_1，到达第一级输送分离装置最高点 O_1 处时，马铃薯开始做自由落体运动，将重力势能转化为动能，使马铃薯以相对较大的速度 V_2 落到第二级输送分离装置 O_2 处，与输送分离链栅条发生弹性碰撞。本文采用伤薯指数 ε 表示马铃薯损伤程度，即：

$$\varepsilon = \left| \frac{V_2 - V'_0}{V_1 - V_0} \right| \qquad (5\text{-}11)$$

式中，V_2 为马铃薯落在 O_2 处的速度（m/s）；V'_0 为第二级输送分离装置的线速度（m/s）；V_1 为马铃薯在 O_1 处的速度（m/s）；V_0 为第一级输送分离装置的线速度（m/s）。

其中，第二级输送分离装置的线速度大小相对于第一级输送分离装置降低了 30% 左右，因此第二级输送分离装置线速度的大小可由第一级输送分离装置线速度的大小近似表示，即：

$$V'_0 = 0.7V_0 \qquad (5\text{-}12)$$

根据能量守恒定律，得到如下方程：

$$\frac{1}{2}mV_1{}^2 + mgH = \frac{1}{2}mV_2{}^2 \qquad (5\text{-}13)$$

式中，H 为马铃薯自由落体运动的垂直距离（m）。

联立方程（5-11）、方程（5-12）、方程（5-13）可得：

$$\varepsilon = \left| \frac{\sqrt{V_1^2 + 2gH} - 0.7V_0}{V_1 - V_0} \right| \qquad (5\text{-}14)$$

由此可知，相对速度差和折转落差是二级升运链式输送分离装置伤薯的主要因素。

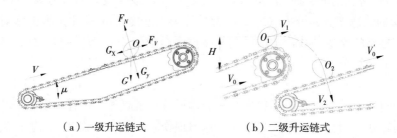

（a）一级升运链式　　　　　（b）二级升运链式

图 5-20　输送分离运动分析

综上所述，马铃薯收获过程中含土率与伤薯率存在着相互制约的关系，目前已有马铃薯收获机的输送分离装置无法同时满足含土率和伤薯率的作业要求，本文设计了一种 S 型升运链式输送分离装置，在相对较长的输送行程中，相对减缓马铃薯的线速度，在避免马铃薯损伤的前提下提升去土效果，如图 5 - 21 所示。

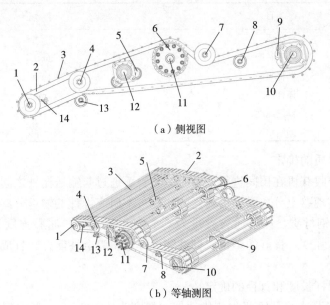

（a）侧视图

（b）等轴测图

1. 从动轮　2. 橡胶带　3. 输送栅杆　4. 辅助轮　5. 振动装置　6. 前驱动轮
7. 覆压轮　8. 辅助轮　9. 后驱动轮　10. 后驱动轴　11. 前驱动轴　12. 振动轴
13. 涨紧轮　14. 刮土板

图 5 - 21　S 型链式输送分离装置

　　S 型链式输送分离装置主要由橡胶带及输送栅杆组成，输送栅杆通过铆接形式与橡胶带固定，橡胶带两端由铆接在橡胶带上外形凹凸交错的卡座通过定位栅杆固定连接。该装置有两个动力驱动装置，两者的线速度大小相同以确保输送分离装置正常运转。通过从动轮、前驱动轮、后驱动轮以及覆压轮对输送分离装置的作用使输送分离装置运动轨迹呈 S 形，同时在直线型升运链部分通过辅助轮支撑减少由装置自重产生的运动阻力，在输送分离装置下方装有涨紧轮装置使整体结构涨紧度合适，结构运转流畅。此外，由于输送分离装置紧跟在挖掘装置后方，两者之间存在一定的安装间隙以及作业角度，为减少田间作业时壅土以及输送分离作业中马铃薯的含土率，在输送分离装置中部添加了振动装置，在从动轮后方添加了刮土板装置。

（四）S 型链式输送分离装置结构的设计

1. 栅条结构参数的确定

　　S 型链式输送分离装置主要工作部件是输送栅杆，其材质、直径、间距等结构参数和作业参数均影响马铃薯收获质量及效果。输送栅杆的各项参数如表 5 - 6 所示。

表 5-6 输送栅杆的各项参数

项目	参数
材质	Q235 钢
栅杆长度	1 268mm
栅杆直径	11mm
栅杆间距	57mm
输送速度	0.9～1.5m/s
倾斜角度	33°～40°

（1）材质的确定

马铃薯收获机在田间进行作业时，马铃薯通过与输送栅杆之间的碰撞、摩擦等作用实现薯土分离及向后输送的功能。本研究设计的输送分离装置的栅杆选择 Q235 钢材质，该材质含碳量为 0.14%～0.22%，屈服强度为 235MPa，具有较高的强度，良好的塑性、韧性和可焊性，综合性能好，且成本较低，符合设计要求。

（2）栅杆长度和直径的确定

本研究设计的马铃薯收获机的作业幅宽为 1 300mm，考虑到输送分离装置的运转流畅性及安装要求，栅杆长度应略小于机架宽度，间隙应小于马铃薯的最小轴距尺寸，以防止漏薯，因此栅杆长度选定为 1 268mm。输送分离装置栅杆直径为 11mm，两端通过冲压成孔技术各冲压两个直径为 6.5mm 的铆接定位孔。

（3）栅杆间距的确定

栅杆间距直接影响马铃薯输送以及去土效果，在保证不漏薯的前提下尽可能地增大栅杆间距，有利于薯土分离及杂质的清除。由田间实际调查得知：在我国马铃薯主产区内正常收获期马铃薯的 X 轴、Y 轴、Z 轴的轴距尺寸散布在 40～150mm 范围内，符合正态分布规律。因此，本研究栅杆间距选定为 57mm。

（4）输送速度的确定

马铃薯在输送分离装置上主要由栅杆的摩擦力使其去土、输送，由已有研究结果可知，当输送分离装置线速度等于或大于收获机行驶速度时，对马铃薯的损伤程度最低，且能避免壅土，提高效率。一级升运链式输送分离装置的线速度常取值 1.15～1.85m/s；二级升运链式输送分离装置的第一级输送分离装置与一级升运链式输送分离装置的取值相似，第二级输送分离装置的马铃薯含土率相对较低，线速度相应减少，常取第二级输送分离装置线速度为 0.8～1.3m/s。综上所述，本研究 S 型输送分离装置的线速度取值为 0.9～1.5m/s。

（5）倾斜角度的确定

输送分离装置的作业原理就是依靠马铃薯与输送分离装置之间的正压力产

生的摩擦力以及自重分力的合力使马铃薯向后输送、去土，这些均与装置的倾斜角度息息相关。考虑到输送分离装置与挖掘装置的顺延关系以及输送功能的设计要求，本研究倾斜角度取值范围为 $33°\sim40°$。

2. 振动装置参数的确定

本研究设计的振动装置采用轴对称设计，受力平衡且美观耐用。如图 5 - 22 所示，振动装置绕直径为 30mm 的振动轴转动，振动轮直径 D 为 70mm，振动轮数量为 n，设定振动幅度最大值 A_h 为定值，$A_h = 100$mm，分析在相同转速 ω 下不同振动轮数量 n 的振动装置的最小振动幅度 A_l。

总变化量 $\Delta_{总}$ 与单位变化量 Δ、振频 f 之间存在以下关系：

$$\Delta_{总} = \Delta \times f = (A_h - A_l)f \tag{5-15}$$

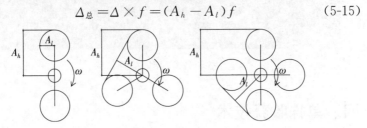

图 5 - 22 三种振动装置形式

振动参数如表 5 - 7 所示。

表 5 - 7 振动参数分析

振动轮数 n	振频 f	单位变化量 Δ	总变化量 $\Delta_{总}$
2	2ω	65mm	130ωmm
3	3ω	32.5mm	97.5ωmm
4	4ω	19.04mm	76.16ωmm
5	5ω	12.41mm	62.05ωmm

综上所述，当 $n=3$ 时，振频 f、单位变化量 Δ 和总变化量 $\Delta_{总}$ 均较为适中，符合设计要求。由于在输送分离作业过程中前半段包含的杂草、土块等较多，作业至中后段时含杂率大大降低，因此将振动装置安装在输送分离装置的前半段。振动幅度根据土壤性质、薯土分离程度等的不同在振动轴承处通过增加托轮结构进行调节。

（五）田间试验

分别对输送装置和振动装置进行运动学分析，将马铃薯视为弹性球体，其在输送分离过程中受重力、支撑力、滚动摩擦力等的影响，其余受力忽略不计，输送装置的运动学分析主要包括马铃薯在输送链上的受力分析和分阶段的动力学分析。通过分析确定了输送分离装置影响马铃薯收获质量的主要因素，即S型链式输送分离装置的转速、倾斜角度和折转落差，并将其作为田间试验的主要因素，以明薯率、伤薯率、含杂率为试验指标进行二次正交旋转组合试验。如图5-23所示，试验选取S型链式马铃薯收获机的最优参数组合，进行3次重复试验，试验结果平均值为明薯率99.51%、伤薯率0.06%、含杂率1.74%，作业效果良好。

图5-23　田间验证试验

四、单株收获技术

（一）研究背景

马铃薯单株收获机设计的目的是减少进行育种试验单株收获时人工作业。与传统马铃薯收获机只收获马铃薯的要求不同，马铃薯单株收获机的关键在于挖掘时相邻马铃薯植株实现单株区分性收获。目前育种试验收获时大部分为人工收获，不仅需要人工收获，还需要人工记录单株马铃薯的生长状况，劳动强度较大、效率低。因此，研究开发一种单株马铃薯收获装置对我国马铃薯育种试验的发展具有重要意义。

（二）单株收获机整机方案

马铃薯单株收获机主要由悬挂架、切盘、挖掘铲、辅助轮、输送链、振动装置、输送链主动轮、行走轮、液压马达、过渡板、机架等组成，如图5-24所示。拖拉机为整机提供前进动力，液压马达为传送系统提供动力输出，保证输送链和振动装置的平稳运转。在作业过程中，薯垄的土壤和马铃薯整个植株在挖掘铲的挖掘下同时进入输送装置，输送链整体较为矮平，前段有和挖掘铲挖掘角度相同的坡度，并逐渐平缓，振动装置设置在输送链较平缓的位置，在向后输送的过程中薯土经过振动装置并进行去土操作，去土后的马铃薯薯块在平缓的输送链上输送稳定且效果较理想，随后输送到链的末端排在垄上，便于后期的收集。行走轮可以根据不同垄高进行高低调节，增加了装置的适应性。机器的参数如表5-8所示。

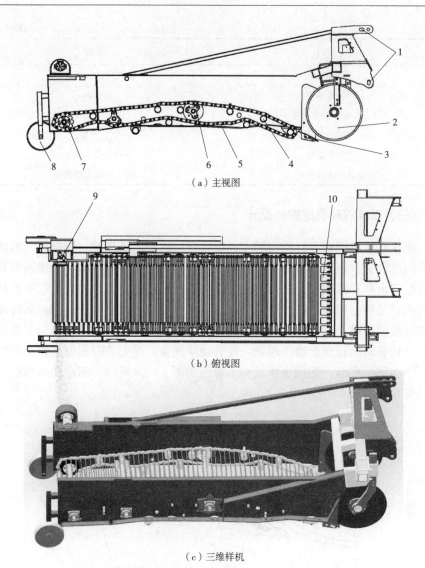

（a）主视图

（b）俯视图

（c）三维样机

1. 悬挂架　2. 切盘　3. 挖掘铲　4. 辅助轮　5. 输送链
6. 振动装置　7. 输送链主动轮　8. 行走轮　9. 液压马达　10. 过渡板

图5-24　马铃薯单株收获机

表5-8　机器参数

项目	参数
外形尺寸（长×宽×高）	3 680mm×1 550mm×1 200mm
结构形式	悬挂式
结构质量	536kg
配套动力	29.42k~44.13kW

（续）

项目	参数
传动形式	液压马达＋链传动
作业幅宽	800mm
作业小时生产率	$0.2\sim0.3hm^2$
挖掘铲形式	固定式单铲
挖掘深度	150～250mm
输送分离装置形式	凹凸间隔式格栅筛

（三）单株收获机挖掘铲设计

单株收获机挖掘装置采用稳定性能较好的固定式条形铲，挖掘铲与输送链过渡间隙设有分石栅，当机具在田间工作时，输送链向后转动，石块随着马铃薯被挖掘出来，运输到分石栅时由于石块表面与马铃薯表面的光滑度和形状差异较大，马铃薯在输送链的转动下向后输送，而石块随着输送链的向后转动在输送链最前端跳动，分石栅受到重力作用向上抬起，将石块弹出。为了避免在收获马铃薯时出现壅土缠绕现象，设有切草圆盘，在安装时需保证铲面与输送链栅条在同一平面。挖掘装置结构示意图如图 5-25 所示，固定式条形铲的设计几何参数如表 5-9 所示。

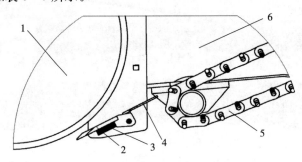

1. 切盘　2. 挖掘铲　3. 铲座　4. 过渡板　5. 输送链　6. 机架
图 5-25　挖掘装置结构示意图

表 5-9　挖掘装置各项几何参数

项目	参数
铲体宽度 B	780mm
铲面倾角 α	$25.6°\sim28.5°$
铲体长度 L	320mm
铲刃夹角 γ	$150°$

单株收获机的作业幅宽为 800mm，考虑到挖掘铲的安装，铲体宽度为780mm，为满足挖掘铲抗冲击、挤压、磨损能力，挖掘铲材质选用 65Mn 钢，并对铲刃进行调质处理。本研究对挖掘状态中的挖掘铲进行了受力分析，如图 5-26 所示，并将各项参数代入方程式进行计算，得出铲面倾角的取值范围为 25.6°～28.5°。

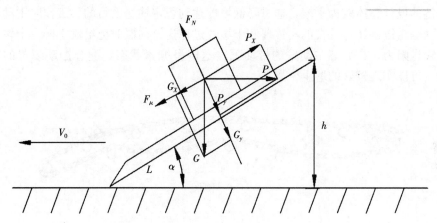

图 5-26　挖掘铲受力分析

$$F_N - P\sin\alpha - G\cos\alpha = 0 \qquad (5\text{-}16)$$

$$P\cos\alpha - G\sin\alpha - F_\mu = 0 \qquad (5\text{-}17)$$

$$F_\mu = \mu F_N \qquad (5\text{-}18)$$

铲体长度可根据挖掘铲的挖掘深度和铲面倾角进行计算。铲刃夹角的选取不宜过大或过小，铲刃夹角过大，铲刀前进时受到较大的正压力，降低了铲刃入土性能，同时会产生较大工作阻力并发生壅土；铲刃夹角过小，则前进时产生较大的切向力，铲刃入土能力较好，但铲尖容易对马铃薯造成切伤。因此，本研究设计的铲刃夹角为 150°。为了防止挖掘铲受土壤阻力变形，将挖掘铲与铲座焊接的方式固定在机架上，单株收获机采用多个铲刀固定板焊接到铲座后板后方，可有效解决挖掘铲壅土现象，缓解挖掘铲的变形。

（四）凹凸栅条间隔排列的马铃薯输送链的设计

马铃薯单株收获机输送装置包括输送链和振动装置，主要负责将挖掘出土的马铃薯与连同一起的土壤进行分离，与传统马铃薯收获机输送装置不同的是，在与土壤分离干净和控制伤薯的情况下尽可能保证马铃薯整株薯块的完整程度，较少出现与相邻植株发生混杂的情况，并将整株的马铃薯输送到垄上。

本研究设计的凹凸栅条间隔排列的马铃薯输送链，相较于传统平行栅条排列的输送链，凹凸间隔排列的栅条可以使马铃薯在输送的纵向稳定性得到提高，输送链上的薯块在输送时不容易出现跨多个栅条滚动的情况，并且输送性能也优于传统输送链。如图 5-27 所示，凹凸栅条间隔排列式输送分离装置主要包括主动轮、振动轮、辅助轮、凹凸型栅条、链条、从动轮、振动轴、振动装置等，多个辅助轮和振动轮相配合，从而固定输送链的输送轨迹和角度，输送链的设计整体较为平缓，通过降低坡度达到稳定输送的目的。工作时主动轮带动输送链旋转，挖掘的马铃薯和土壤经过输送链前段时会给输送链一个较大的输送阻力，在后端主动轮的带动下输送链呈绷紧状态，配合振动装置的振动，可以实现较好的薯土分离。

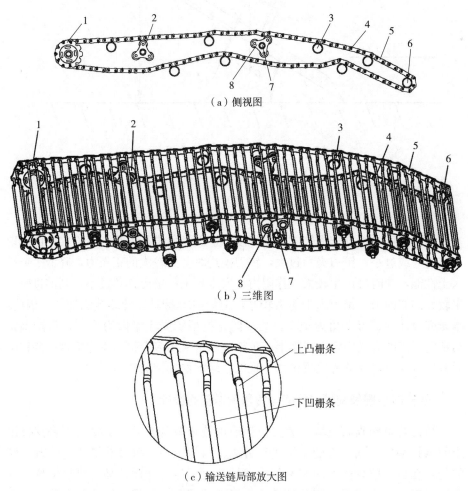

（a）侧视图

（b）三维图

（c）输送链局部放大图

1. 主动轮　2. 振动轮　3. 辅助轮　4. 凹凸型栅条　5. 链条
6. 从动轮　7. 振动轴　8. 振动装置
图 5-27　凹凸栅条间隔排列式输送分离装置

马铃薯挖掘输送阶段伴随着马铃薯与土壤的分离，此阶段是马铃薯碰撞运动最剧烈、运动关系最复杂的阶段，传统马铃薯输送装置在收获过程中振动去土后裸露在输送链上的马铃薯极易发生相对输送链纵向的运动，即跨栅条运动，凹凸栅条间隔排列设计的目的是减少马铃薯在输送过程中发生相对输送链纵向的运动情况，使得相邻植株马铃薯薯块在输送分离阶段发生混杂的情况减少，便于更好地区分不同植株之间的薯块。

凹凸型栅条设计的几何参数如表 5-10 所示。

表 5-10　凹凸型栅条设计的几何参数

项目	参数
栅条直径	11mm
栅条间隔	45mm
上凸/下凹距离	11mm

凹凸型栅条设计参数是相邻两个栅条的水平距离 m 和竖直距离 l，如图 5-28所示。

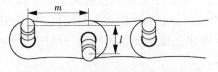

图 5-28　一组凹凸栅条排列示意图

（五）振动装置结构的确定与分析

1. 振动装置的设计及参数的确定

振动装置采用三个振动轮正三角形的排列方式，振动装置是通过自身旋转带动输送链振动从而实现去土的目的，其设计参数有振动轮半径、振动轮到振动装置的中心距、振动装置转速等，基于振动装置的旋转对输送链及链上马铃薯运动状态影响的分析，并根据振动装置的参数确定输送链的运动方程，为振动装置的参数设计及输送链的仿真试验提供参考依据。

2. 振动装置的转速分析

通过振动装置示意图 5-29 可知，振动装置推动输送链振动可分为两段进行分析，第一段为输送链从最高位置运动到最低位置，此时振动装置转动角度为 60°，第二段为输送链从最低位置运动到最高位置，振动装置同样转过 60°，将理论分析与 Matlab 软件有效结合，进行振动装置的转速分析，得出马铃薯在振动装置中的转速在 13.35r/s 之内运动状态相对稳定。

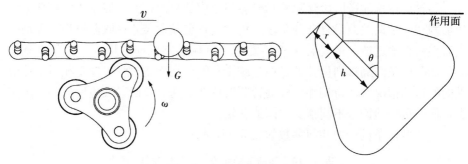

图 5-29　振动装置示意图

3. 输送分离仿真分析

仿真模型包括两个同轴辅助轮、输送链部分、马铃薯模型和振动装置模型，振动装置与其两边相邻辅助轮之间的输送链部分为振动装置作用在输送链的有效部分。仿真模型是选择振动装置与一边相邻的辅助轮之间的输送部分为基础建立的，马铃薯模型置于输送链上振动作用效果最大的位置，并与相邻两个栅条相切，栅条由链条连接。考虑到实际过程中输送链由主动轮带动下在输送阻力中处于绷紧状态，为了仿真的准确性和分析的简便性，仿真模型中栅条采用硬连接，且栅条与振动模型接触的接触面采用平面设计，振动装置等效成每个相邻振动轮侧面外切面与底面所构成的封闭柱体，输送装置模型如图 5-30所示。在 SolidWorks 中建立输送装置模型的三维图，导入 Adams 软件进行仿真分析。

旋转驱动的角速度分别设置为 $600°/s$、$700°/s$、$800°/s$、$900°/s$，分别对马铃薯在栅条上水平方向和竖直方向的位移情况进行仿真分析。由于马铃薯在

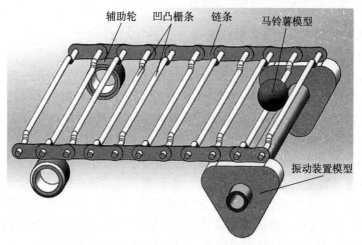

图 5-30　输送装置三维模型

输送链上的撞击情况具有很强的随机性，仿真结果会受到试验精度的影响，在保证仿真效率的情况下，尽可能增大仿真精度，因此步数设置为 10 000，马铃薯位于振动位置最近的地方，连续仿真时间为 5s。

通过图 5 - 31 振动装置不同角速度对马铃薯输送稳定情况的仿真结果可知，振动装置角速度在不大于 800°/s 时，马铃薯在输送链上输送过程的运动状态较为稳定；角速度在 900°/s 时马铃薯水平方向和竖直方向运动状态均出现了较大的波动现象，并出现了马铃薯跨栅条滚动的情况。

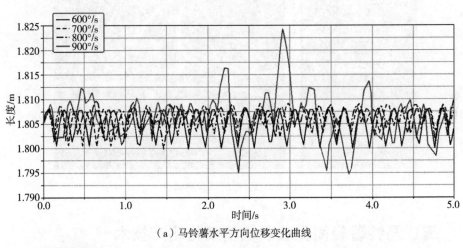

（a）马铃薯水平方向位移变化曲线

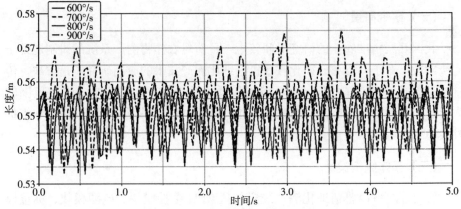

（b）马铃薯竖直方向位移变化曲线

图 5 - 31　振动装置不同角速度对马铃薯输送稳定情况仿真结果

（六）田间试验

试验地点在国家马铃薯现代化生产示范基地（山东省胶州市胶莱镇大赵家村），播种时的株距分别为 30cm、40cm、50cm、60cm，马铃薯品种为荷兰 15 号，种植模式为垄作（单垄单行），垄高为 250mm，垄宽为 730mm，垄距为 800mm。试验地块为砂壤土，土壤含水率为 12.5%，土壤坚实度为 451kPa。马铃薯收获机质量评价技术规范（NY/T648—2015）作为样机收获性能指标伤薯率、明薯率的计算依据和校验标准。试验结果平均值为：分布值 34.2mm、明薯率 99.25%、伤薯率 0.06%，作业效果良好。田间试验测试如图 5-32 所示。

图 5-32　田间试验测试

五、马铃薯轻简化收获机精细化测产技术

（一）研究背景

我国开展精准农业的研究时间较短，目前对农作物测产系统的研制还处于起步阶段，对于马铃薯轻简化收获机精细化测产技术的应用研究还是空缺。传统测产方式不仅操作烦琐，且精确度较低，易受物理因素影响，误差范围较大。农作物产量的准确预测对我国农业政策的制定、保证国家粮食储备和维护社会稳定均具有十分重要的意义。

（二）整体结构设计

所设计的马铃薯精细化测产装置包括 CPU 主控模块、电源模块、称重模块、RS232 电路、RS485 电路、DGUS 屏幕，整体结构设计如图 5-33 所示。

工作平台选用 4U-90DLH 马铃薯轻简化收获机，CPU 主控模块采用 ST 公司 ARM 芯片 STM32F767。电源电路将 12V 直流电降至 5V 和 3.3V 直流电，降压后进行整流滤波，为主控芯片和其他电路供电。称重模块对称重传感器的输出信号进行放大、滤波，通过内置主控实现 AD 转换，并将数据转换为 MODBUS-RTU 协议格式，通过 RS485 端口发送到 CPU 主控模块。DGUS 屏

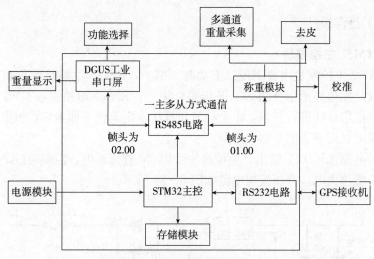

图 5-33　整体结构设计

幕显示信息由主控模块通过 RS485 端口发送质量等数据并对数据进行处理后显示。GPS 定位信息由 RS232 端口获取，且主控模块与 GPS 接收机之间遵循 NMEA-0183 通信协议，通过解包获取大地坐标，由亩产计量算法可求得农田马铃薯分布产量，该测产装置适用于所有薯类。

精细化测产装置安装于 4U-90DLH 薯类轻简化收获机输送装置的末端，整机结构如图 5-34 所示。收获机通过牵引架连接在拖拉机动力输出轴上，挖掘控制装置控制挖掘铲将薯类植株挖起，输送装置输送到秧果分离处，薯类果实通过横向输送装置进行装箱，筐下放有称重传感器，进行实时测产，剩余的茎秆和土块等杂质通过除杂装置排出机体。

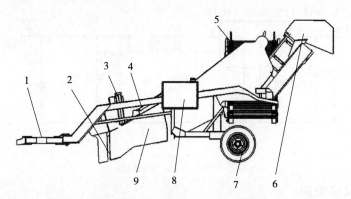

1. 牵引架　2. 挖掘铲　3. 液压泵　4. 挖掘控制装置　5. 横向输送装置　6. 除杂装置
7. 行走装置　8. 液压油箱　9. 机架
图 5-34　4U-90DLH 薯类轻简化收获机结构示意图

（三）硬件设计

1. STM32 主控模块

STM32 主控模块主要实现以下功能：第一，RS485 电路接收称重模块质量数据以及发送显示指令到 DGUS 屏幕；第二，RS232 电路接收 GPS 接收机传来的定位信息并进行解包，由坐标转化算法求出车辆平面坐标，根据亩产计量算法求出农田薯类的平均亩产量。

开关电源选用 12V 输出，主控模块采用 5V 直流供电，需要通过降压电路实现主控模块供电，降压模块电路如图 5-35 所示。

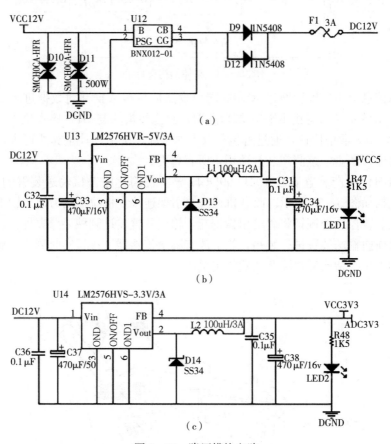

图 5-35　降压模块电路

2. RS232 电路

RS232 通信电路采用 SP3232 芯片，满足 EIA/T/A-232-F 标准，工作电压选用 3.3V，串口端连接主控模块 YSART1 和 USART3 分别用于获取 GPS 接收机数据、发送测产数据到云平台。RS232 通信电路如图 5-36 所示。

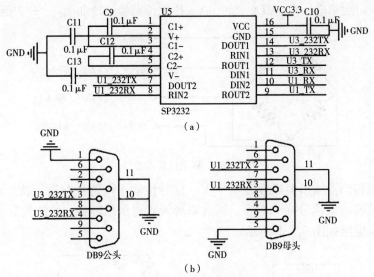

（a）

（b）

图 5-36 RS232 通信电路

3. RS485 电路

RS485 电路采用两线制半双工通信方式来实现多点双向通信，采用一主多从的连接方式，以 STM32 主控核心作为主机，称重模块和 DSUG 工业显示屏作为从机，发送数据格式为 MODBUS-RTU 协议，以从机地址为帧头。通过 STM32 主机将从机（称重模块）采集到的信息发送至主机进行解包和分析，同时将数据发送至从机（工业显示屏）。RS485 电路如图 5-37 所示。

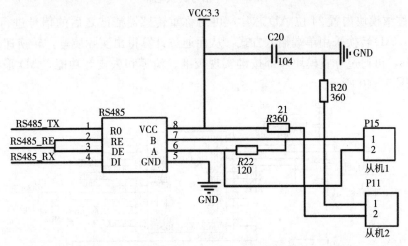

图 5-37 RS485 电路

4. 称重模块

本设计中采用电阻应变式称重传感器。该模块连接两个称重传感器，量程为 100kg，激励电压为 5VDC/150mA。称重传感器原理如图 5-38 所示。

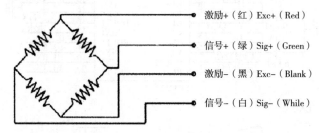

图 5-38　称重传感器原理

称重传感器输出模拟量为 0～5V，信号传输不可避免存在干扰，选用 24 位 AD 转换输入信号 0～3.3V，因此需要设计电压跟随器、滤波及放大电路。信号转换电路如图 5-39 所示。

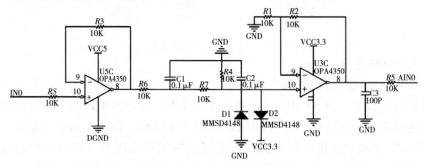

图 5-39　信号转换电路

称重模块内置 24 位 AD 芯片，可对称重传感器滤波之后的信号进行 AD 转换，AD 转换采用单端输入方式，从而通过计算得出实际质量，转换速度为 5 次/s，可通过称重模块外部按键实现校准、清零和去皮等功能。AD 采集电路如图 5-40 所示。

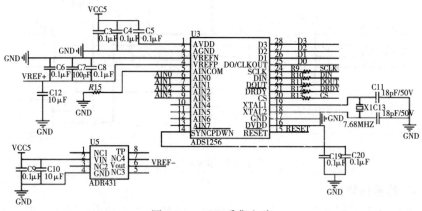

图 5-40　AD 采集电路

5. DGUS 工业显示屏

DGUS工业显示屏采用 12V 直流电源供电，亮度达到 900nit，阳光下可直视。菜单选择界面如图 5‐41 所示。

图 5‐41　菜单选择界面

(四) 软件设计

软件设计主要针对 DGUS 工业显示屏基于 DGUS Tool 软件进行菜单界面的设计。软件运行流程如图 5‐42 所示，通过坐标转换算法进行大地坐标与高斯平面坐标之间的坐标转换，运用亩产计量算法进行设计。

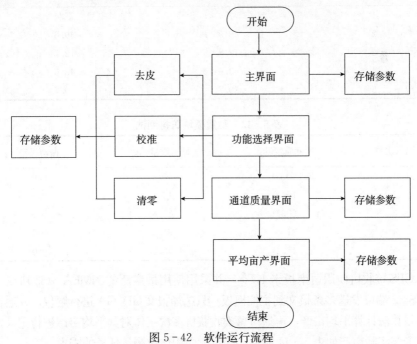

图 5‐42　软件运行流程

（五）系统调试与试验

系统调试验证降压电路的准确定性，以 12V 降至 5V 为例，输入电压与输出电压的数值如表 5 - 11 所示。

表 5 - 11　12V 降至 5V 测试

测试次数	输入电压/V	输出电压/V
1	12	5.00
2	12	5.00
3	12	5.01
4	12	4.99
5	12	5.01

为确保所研发的 4U-90DLH 薯类轻简化收获机精细化测产装置满足农业生产的实际需求，在青岛胶州地区对该装置的各组成部分进行了独立试验，包括称重模块精度测试和称重模块防抖测试。称重模块精度测试结果如表 5 - 12 所示，称重模块防抖测试结果如表 5 - 13 所示。

表 5 - 12　称重模块精度测试

测试次数	实际质量/kg	称重质量/kg
1	77.4	77.4
2	68.9	69.0
3	12.8	12.7
4	43.6	43.6
5	30.7	30.7

表 5 - 13　称重模块防抖测试

测试次数	实际质量/kg	显示质量/kg	振动误差
1	10.3	10.3	0.0
2	15.2	15.3	0.1
3	20.7	20.8	0.1
4	31.5	31.5	0.0
5	45.2	45.2	0.0

GPS 接收机使用司南板卡 K728，并采用使用最广泛的 NMEA-0183 协议，通过 RS232 端口发送多条报文到主控模板，只选择报文 GPGGA 进行解包，并通过亩产计量算法计算平均亩产，可通过薯类收获机多次工作对其平均亩产进行记录。测量亩产与实际亩产如表 5 - 14 所示，满足大面积作业测量任务的需求。

表 5 - 14　测量亩产与实际亩产对比

测试次数	实际亩产/kg	测量亩产/kg
1	2 210	2 200
2	2 435	2 432
3	2 150	2 149
4	2 756	2 750
5	2 530	2 528

六、拨辊推送式输送分离技术

（一）研究背景

国内外应用的马铃薯收获机普遍采用杆条升运链式输送分离装置。薯土混合物被挖出后进入升运链前端，随升运链运动，整个过程中依靠链条的振动实现薯土分离。针对丘陵山区、小区地块特点的小型马铃薯收获机主要有 1520 型、4UG-1 型、4U-83 型等。但是小型马铃薯收获机纵向尺寸较短，杆条升运链的长度受到限制，升运链较短，分离效果不佳，有机型设计采用安装抖动轮的方式增加薯土分离效果，不仅增加了马铃薯的破皮率，还影响薯土混合的运送。

（二）整体结构与工作原理

1. 整体结构

拨辊推送式马铃薯收获机主要由挖掘铲、传送栅杆、悬挂架、变速箱、机架、拨辊推送式输送分离装置等组成，拨辊推送式分离装置主要由拨轮、六方拨辊轴、间隔套、传动链轮和链条等组成，如图 5 - 43 所示。

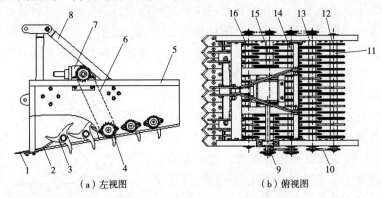

（a）左视图　　　　　　　（b）俯视图

1. 挖掘铲　2. 传送栅杆　3. 拨轮　4. 链轮　5. 机架　6. 驱动链条　7. 变速箱　8. 悬挂架
9. 驱动轴　10. 传动链　11. 间隔套　12. 轴Ⅴ　13. 轴Ⅳ　14. 轴Ⅲ　15. 轴Ⅱ　16. 轴Ⅰ
图 5 - 43　马铃薯收获机结构简图

2. 工作原理

在机组挖掘收获过程中，马铃薯被挖掘铲挖出后，在机组前进动力的作用下，经传送栅杆被推送到输送分离装置上，在交错拨轮的旋转推送和抛掷作用下实现薯土分离，分离后的土壤从拨轮间隙落下，马铃薯果实则被继续向后输送。拨轮在旋转推送和抛掷马铃薯的过程中与黏附在薯块表层的土壤产生摩擦，经多级拨轮的推送和抛掷作用，附着在薯块表层的土壤得到清理。

（三）输送分离装置设计

输送分离装置中的拨辊均由拨轮、六方拨辊轴、间隔套组成，拨轮与六方拨辊轴间隙配合实现周向定位，间隔套交替排列实现轴向定位，六方拨辊轴通过带座轴承固定在收获机的侧板上，各级拨辊顺延倾斜排列，拨轮交错安装，工作时保证拨辊转速相同，拨轮相对位置不变，如图 5-44 所示。

（a）输送分离装置结构简图　　　（b）拨辊结构简图

图 5-44　拨辊推送式输送分离装置

1. 推送拨轮设计

机组作业过程中，相邻拨辊上的拨轮之间形成持薯空间，马铃薯在此空间内受到拨齿的作用，产生滑动、滚动和跳跃运动。根据拨轮运动分析可知，拨轮齿数必须大于 2 才能保证运动的连续性，并且在相同转速下，随着拨轮齿数的增加，拨齿拨动马铃薯的频率也会增加，有利于提高薯土分离的效率；但在拨轮大小一定的情况下，随着拨轮齿数的增加，持薯空间相对减小且不均匀。拨轮结构尺寸参照 4U-83 型马铃薯收获机相关参数，确定拨辊运动的线速度为 1.45m/s。拨轮半径 R 与拨辊轴转速 n 的关系为 $V=2\pi Rn$，确定拨轮半径为 230mm。结合马铃薯外形尺寸，设计凹凸相间的拨轮结构，如图 5-45 所示。每个齿段

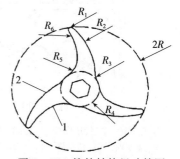

图 5-45　拨轮结构尺寸简图

弧线形状由 6 段圆弧相切过渡组成，圆弧半径分别为：$R_1=5mm$，$R_2=135mm$，$R_3=40mm$，$R_4=35mm$，$R_5=40mm$，$R_6=105mm$。推送拨辊几何参数如表 5-15 所示。

表 5-15 推送拨辊几何参数

项目	几何参数
拨轮齿数/个	3
拨辊运动线速度/（m/s）	1.45
拨轮结构	凹凸相间
圆弧半径	$R_1=5mm$
	$R_2=135mm$
	$R_3=40mm$
	$R_4=35mm$
	$R_5=40mm$
	$R_6=105mm$

2. 拨辊组级数的确定

拨辊推送式输送分离装置通过各级拨辊组顺延倾斜排列，实现薯土的输送和分离。若拨辊组级数太少，则达不到输送分离效果，影响明薯率；拨辊级数太多，虽然可以增加马铃薯在输送装置上的输送分离行程，但马铃薯在无土壤的缓冲保护作用下，极易造成表皮损伤。

样机分别采用 3、4、5、6 级拨辊组进行收获试验，随机选取收获作业 3 处 2 m 长范围作为测试区进行称量，计算出平均明薯率分别为 86.98%、95.93%、99.14%、99.78%，平均破皮率分别为 0.56%、1.04%、1.25%、1.89%，如图 5-46 所示。

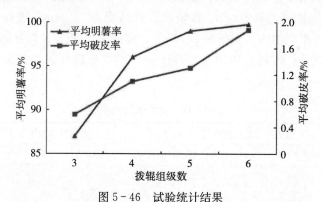

图 5-46 试验统计结果

由图 5-46 可知，当拨辊组级数为 5 时，薯土分离效果好，同时破皮率也较低，故确定拨辊组级数为 5。

3. 拨轮间隙与拨辊间距的确定

（1）拨轮间隙

经测量统计单个马铃薯平均尺寸为：长度 61～107mm，宽度 45～70mm，厚度 37～52mm。为使马铃薯不从拨轮间隙落下，应保证拨轮间隙小于薯块最小尺寸，故确定拨轮间隙为 35mm。

（2）拨辊间距

拨辊间距太大，会造成马铃薯从间隙掉落，结合马铃薯尺寸和拨轮半径（230mm），确定拨辊间距为 250mm。

（四）田间试验

拨辊推送式收获机配套动力为 8.8k～14.7kW 的小型拖拉机，全悬挂式，作业幅宽 800mm，作业行数 1 行，外形尺寸（长×宽×高）为 1 250mm× 780mm×850mm，结构质量 240 kg，作业速度 0.8～1.2 m/s，作业深度 120～240mm，输送分离装置为 5 级橡胶拨辊组，属于小型马铃薯收获机。试验在青岛宏盛汽车配件有限公司试验田进行，以大西洋品种马铃薯为研究对象，以机组作业速度、拨辊转速及拨辊组提升高度为试验参数，以明薯率、破皮率为试验指标进行试验，如图 5-47 所示。

图 5-47　样机及试验地

根据数据处理分析和参数性能优化，以最佳参数组合即机组作业速度为 1.0m/s、拨辊转速为 60r/min、拨辊组提升高度为 150mm，进行 3 次重复试验，实验结果平均值为：明薯率 98.31%、破皮率 1.39%。与普通分离输送装置进行对比试验，普通分离输送装置选择 4U-83 型链杆式马铃薯收获机，试验结果如表 5-16 所示。

表 5-16　对比试验结果

序号	拨辊推送式收获机组		普通分离输送收获机组	
	明薯率/%	破皮率/%	明薯率/%	破皮率/%
1	99.81	1.26	97.21	1.15
2	99.22	1.12	98.12	1.34
3	98.91	1.39	97.36	1.55
4	99.02	1.48	96.05	1.35

（续）

序号	拨辊推送式收获机组		普通分离输送收获机组	
	明薯率/%	破皮率/%	明薯率/%	破皮率/%
5	98.49	1.21	95.40	1.36
6	99.64	1.32	94.92	1.28
7	98.28	1.16	96.25	1.16
8	98.33	1.13	93.32	1.42
9	99.79	1.25	93.28	1.21
10	98.65	1.12	95.52	1.26

七、多级分离输送技术

（一）研究背景

马铃薯收获作业时，薯土分离不彻底是目前未解决的一大难题。传统收获机设计的单级输送装置只能保持一个倾斜角度、相同的栅杆材质，对改善薯土分离效果影响甚微。多级输送分离装置可以保证在不漏薯、伤薯的情况下改变马铃薯输送方向的倾斜度，更改每级的栅杆材质以最大限度减少马铃薯损伤。农业农村部印发的《"十四五"全国农业机械化发展规划》中提到：减损就是增产，现阶段马铃薯在收获作业时急需减少损伤，研制设计一款多级分离输送装置。

（二）多级输送系统的整体设计

输送系统作为收获装置的一个重要环节，其性能的好坏对马铃薯的破损率以及薯土分离的效果有着至关重要的作用。本文设计的整个输送系统包含四段：A段输送筛具有一定的斜面倾角，且创新性地设计了凹槽式托送输送结构形式，输送过程中碰撞小，输送更稳定；B阶段采用橡胶式材质，保护薯块表皮不受损伤，输送为横向水平输送，无倾角；C阶段为水平输送形式，材料和B阶段相同，但输送方向与B阶段垂直，该阶段主要完成薯块向集薯箱传递时的方向折转过程，缩短机器配置空间，该段设计上方设有除杂装置，用于去除薯土混合物中混杂的秧蔓等杂质；D阶段为集薯输送装置，该阶段与集薯箱相接，具有一定的倾角，为保证薯块稳定输送，其上设有橡胶皮式输送杆条，即给薯块一个向斜上方的支持力，保证薯块稳定向集薯箱输送。

1. 第一输送分离筛的设计

马铃薯在输送装置上的损伤大都是由于薯块在输送链上的不稳定输送如滚

动、跳动等引起的，针对这一问题，研究设计了一种折线式高低栅条托送输送链，即采用高栅条低栅条相间交互排列，由原本的输送变为托送，使得马铃薯的输送更加稳定，如图5-48所示为第一输送分离筛的设计。

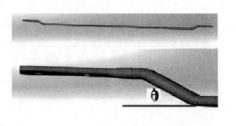

图5-48 第一输送分离筛

2. 输送结构参数的设计

根据前期试验经验可知，输送分离筛的分离和稳定输送效果主要受杆条的直径、杆条之间的间隙以及低栅条的凹角等重要参数影响，详见表5-17。

表5-17 输送结构参数

项目	参数
栅杆直径	11mm
杆条间距	44mm
杆条凹角	30°

参照《农业机械设计手册》[93]，分离输送杆条的直径应在 $9\sim11mm$ 为宜，因此设定分离输送杆条的直径为 10mm。输送杆条的间距是输送装置设计的关键参数，其间距过大将导致马铃薯从杆条间隙落下，由此会带来不必要的产量损失；而间距过小将导致土块不易落下，由此会带来收获后的马铃薯中杂质较多，直接影响马铃薯的收获质量。收获期马铃薯的三轴尺寸中的最小直径分布范围为 $30\sim70mm$，因此杆条的设计间距不宜大于 30mm，即 $d\leqslant30mm$。输送杆条结构如图5-49所示。

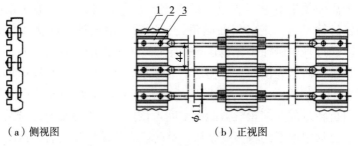

（a）侧视图　　　　　　　　　（b）正视图

1. 皮带　2. 升运链杆条　3. 连接铆钉

图5-49 输送杆条结构图

输送杆条的凹角影响马铃薯输送的稳定程度，设计时应保证凹槽式输送条的深度 $h\geqslant1/2$ 马铃薯的直径 d，且深度不能超过马铃薯的直径，即存在如下关系式：

$$\frac{1}{2}d \leqslant \sin\alpha \leqslant d \qquad (5\text{-}19)$$

选取最小马铃薯直径 30mm，代入式（5-19），α 的选取范围为 $20° \leqslant \alpha <$ 43°，确定 $\alpha = 30°$。

（三）多级输送系统的运动分析与仿真分析

1. 马铃薯的运动分析

分别对马铃薯在普通栅条与下凹式栅条条件下进行受力对比分析，采用凹槽式托送杆条结构形式，相比平直杆条输送式多了一个沿斜面向上的较大的分力，从而可以保证马铃薯稳定地向后输送而不发生滚动。当凹槽式托送杆条倾角 α_1 增大时，不仅可以使马铃薯在单个输送单元内滚动，从而有效促进薯土分离，而且在整个输送链条上又避免了大幅度跳动，降低了薯块破损率。针对马铃薯在输送链末端的运动情况进行运动分析，分别为一级输送链端到二级输送链末端的运动学分析、二级输送链到三级输送装置的运动学分析以及马铃薯经

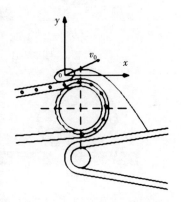

图 5-50 马铃薯在输送链末端的运动示意图

由末级输送链抛送至集薯箱上的运动学分析。马铃薯在输送链末端的运动示意图如图 5-50 所示。经过理论分析得知，薯块抛离一级输送链时的初速度与机具的前进速度、第一级升运链的线速度有关。

2. 仿真分析

利用 Ansys 软件进行动力学分析，通过设置坠落高度所对应的初始速度对马铃薯撞击杆条进行运动仿真，求解薯块受到冲击载荷下的应变以及位移云图，得出马铃薯的撞击力与跌落高度之间的关系。参考已有文献，对马铃薯的杨氏模量、密度和泊松比进行设定，材料参数如表 5-18 所示。将马铃薯简化为三轴直径为 80mm、62mm、52mm 的椭球形模型，并根据马铃薯机械损伤试验台的升运系统建立与马铃薯相碰撞的链杆模型。马铃薯模型与链杆模型都通过 SolidWorks 进行建立。

表 5-18 材料参数

密度/（g/cm³）	杨氏模量/GPa	泊松比	输送链材料
7.89	209	0.269	45♯钢

仿真结果如图 5-51 和图 5-52 所示。如图 5-51 所示，薯块撞击处的应力变化从撞击点处向外扩散位移变化逐渐减小，撞击点处应力较大，达到 0.03GPa，而与之相对的另一面撞击处应力较小为 0.025GPa。图 5-52 为撞击时刻三轴方向的应力速度变化云图。

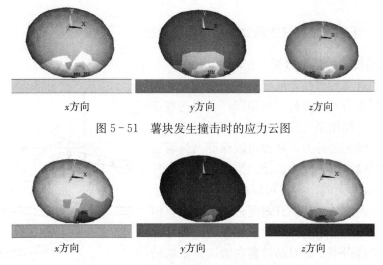

图 5-51　薯块发生撞击时的应力云图

图 5-52　薯块发生撞击时的速度变化云图

（四）不同输送结构的马铃薯碰撞试验

针对普通输送分离筛和设计的凹槽托送式输送分离筛两种结构形式，利用马铃薯碰撞检测球模拟马铃薯的运动情况，对数据进行采集处理分析，如图 5-53 所示。

（a）普通平直式输送链　　　　　　（b）凹槽托送式输送链

图 5-53　碰撞检测试验

图 5-53（a）为马铃薯检测球在平直杆条上的运动试验，图 5-53（b）为马铃薯检测球在凹槽式杆条上的运动试验，两者在进行试验时保持相同的倾角，输送链转速统一保持在 200r/min，控制相同因素，避免因因素不同所带

来的误差。

由表 5-19 所示，凹槽托送式输送链与普通平直式输送链相比较，碰撞次数减少 4 次，碰撞加速度下降 32.2%，碰撞持续时间减少 3s。通过减少碰撞次数、碰撞持续时间以及降低碰撞加速度，有效减少马铃薯的损伤，提高马铃薯机器收获的质量。

表 5-19 普通平直式输送链和凹槽托送式输送链数据统计

输送链结构形式	碰撞次数/次	碰撞加速度/（m/s²）	碰撞持续时间/s
普通平直式	15	29.8	11
凹槽托送式	11	20.2	8

八、环形提升技术

（一）研究背景

传统的小型分段式马铃薯收获机手动拾取马铃薯的过程耗时、烦琐且效率低。马铃薯联合收割机的分离和输送装置大多为连杆链和连杆带，这些装置的使用使得整个结构不稳定。操作不够灵活、分离效果差，限制了马铃薯联合收获技术的发展。因此，研究立式圆形分离输送装置具有重要意义，不仅可为新型马铃薯联合收割机的开发和设计提供依据，还有助于促进马铃薯机械化生产的发展。

（二）立式圆形分离输送装置的结构和工作原理

1. 结构

立式圆形分离输送装置主要由框架、带式输送机构、横向输送机构、立式圆形分离筛、二次清选输送机构组成。立式圆形分离筛位于机架上的固定轮组之间，带式输送机构位于立式圆形分离筛下部附近，横向输送机构、二次清选输送机构布置在立式圆形分离筛的圆形轨道内。详见图 5-54。

2. 工作原理

当马铃薯收获机工作时，挖掘铲将马铃薯挖出，马铃薯进入链式上升机构，向上移动到顶端。在横向输送机构运输过程中，随着带式输送机构的向后移动，橡胶指将提升料斗中的内容物浸入立式圆形分离筛上。立式圆形分离筛在齿轮与环形齿轮的啮合传动下，可实现马铃薯、土壤和杂质的环形提升。在圆举过程中，马铃薯与土壤通过相对运动实现分离。防护筛焊接在沿两个圆形轨道弧线焊接的钢筋形成的框架上。防护筛和提升料斗形成一个相对封闭的空间，防止马铃薯在旋转分离过程中脱落。提升料斗将马铃薯移动到二次清选输

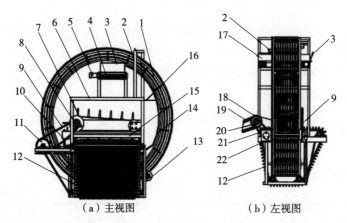

（a）主视图　　　　　　　（b）左视图

1. 立式圆形分离筛　2. 定位导轮　3. 倾斜挡板　4. 二次清选输送机构　5. 液压马达
6. 机架　7. 横向传送机构　8. 从动链轮1　9. 链条1　10. 筛导板　11. 驱动链轮1
12. 带式输送机构　13. 固定轮对　14. 防护筛　15. 横向传输挡板　16. 防护栅条连接板
17. 横向挡板　18. 驱动链轮2　19. 杆条式提升链　20. 驱动链轮3　21. 链条2　22. 减速箱

图5-54　分离输送装置的结构

送机构，利用重力通过二次清选输送机构，之后马铃薯通过棒式输送链进入收集箱。

（三）立式圆形分离输送装置关键部件的设计

1. 立式圆形分离筛的设计

立式圆形分离筛是立式圆形分离输送装置的关键部件之一，其主要功能是在垂直空间中对马铃薯、土壤和杂质进行运输和分离。

如图5-55所示，立式圆形分离筛由环形齿轮、弹性绳、外圆轨道、内圆轨道和间隔网格组成。环形齿轮与齿轮箱输出轴上的驱动齿轮啮合，驱动立式圆形分离筛在垂直空间内旋转。固定在机架上的固定轮包括驱动齿轮、导向轮和水平定位导向轮，该定位导向轮对立式圆形分离筛进行定位和引导。有2个定位导向轮，定位导向轮位于立式圆形分离筛的上方，并与圆形轨道的两侧接触。间距网格焊接在两个圆形轨道之间。

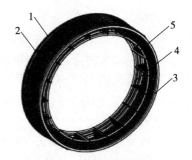

1. 环形齿轮　2. 弹性绳　3. 外圆轨道
4. 内圆轨道　5. 间距网格
图5-55　立式圆形分离筛的结构

弹性绳沿线阵孔边缘穿过屏障，并与间隔网格结合，构成提升料斗的圆形布置。圆形分离筛的几何参数如表5-20所示。

表 5 - 20　圆形分离筛的几何参数

项目	参数
外圆轨道半径	850mm
内圆轨道半径	725mm
圆形分离筛宽度	350mm
弹性绳	11 根
提升料斗	18 个
弹性绳间隙	24mm

2. 横向输送机构的设计

横向输送机构由橡胶指、传送带、驱动橡胶辊、保护环和连接板等组成。横向输送机构通过连接板和轴承座定位在机架上。橡胶指安装在由驱动橡胶辊驱动的水平传送带上。横向输送机构的结构图如图 5 - 56 所示，几何参数如表 5 - 21 所示。

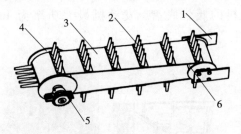

1. 连接板　2. 橡胶指　3. 传送带　4. 保护环　5. 轴承座　6. 驱动橡胶辊

图 5 - 56　横向输送机构的结构图

表 5 - 21　横向输送机构的几何参数

项目	参数
转移带宽度	180mm
驱动橡胶辊半径 1	168mm
驱动橡胶辊半径 2	112mm
每组橡胶指间距	115mm
组内橡胶指间距	15.5mm

通过对输送过程的横向力学特性和运动特性进行分析，确定橡胶指牵伸角度为 3° 时有利于成功拉动马铃薯，并降低破损率。另外，横向输送机构的运动参数主要涉及传动带的线速度，由传动带线速度 V_p 和传动带前进速度 V_m

决定：$\lambda = \dfrac{V_p}{V_m}$，通常在 0.8～2.5 的范围内。如果传送带线速度过大，马铃薯在传送过程中容易滑动，造成损坏。为降低损伤率，λ 值应大于 1，即传动带线速度要高于前进速度。同时，为了在保证优质收获的同时提高产量，在半黏性土壤和砂质土壤中应采用适宜的前进速度，0.8～1.4m/s 的速度是合适的，将 $\lambda = 1.5$ 代入方程，得到传动带线速度应保持在 1.2～2.1m/s 范围内。

通过对马铃薯在横向输送机构中的受力运动分析和马铃薯在环形提升过程中的受力及运动分析可知，马铃薯提升过程中的横向传递和环形提升较为复杂，横向传送带的线速度和圆形轨道的转速对收获性能有重要影响。

（四）试验分析

立式圆形分离输送装置安装在河南省正兴机械有限公司研制的自行马铃薯联合收割机上。如图 5-57（a）所示，马铃薯收获机由限深装置、挖掘装置、Rod-link 提升链、履带行走装置、地轮、液压油箱、集装箱和立式圆形分离输送装置等组成。实验使用的样机如图 5-57（b）所示。马铃薯收割机采用水稻和小麦联合收割机的履带底盘。发动机最大功率为 40kW，收割宽度为 1 550mm，纯工时生产率为 0.35～0.55hm²/h。

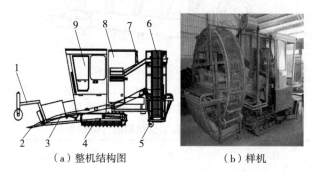

（a）整机结构图　　　　　　（b）样机

1. 深度限制装置　2. 挖掘设备　3. Rod-link 提升链　4. 履带行走装置　5. 地轮
6. 立式圆形分离输送装置　7. 液压油箱　8. 集装箱　9. 驾驶室
图 5-57　马铃薯联合收获机整机结构及样机

选取前进速度、横向传动带线速度和圆形轨道转速为试验因素，破损率和含杂率为试验指标。前进速度为 0.8～1.4 m/s，横向传动带线速度为 1.2～2.1m/s，圆形轨道转速为 4～12 r/min。试验采用三因素两指标通用旋转组合设计，每个试验重复 3 次，并用 DPS 和 Matlab 软件对试验结果进行分析和优化。最终选取最佳参数值为：前进速度 1.1m/s、横向传动带线速度 1.5m/s、圆轨道转速 7r/min、破损率 1.28%、含杂率 2.41%，均满足国家技术标准。

九、本章小结

振动式挖掘技术、对垄限深技术、S型链式马铃薯收获机输送分离技术、单株收获技术、马铃薯轻简化收获机精细化测产技术、拨辊推送式输送分离技术、多级分离输送技术以及环形提升技术针对目前市场马铃薯收获机存在问题进行的改进设计，在马铃薯收获方面取得了不错的成果，缓解了劳动力短缺，减少了马铃薯损伤，提高了机械化、智能化程度，为下一步马铃薯收获机的发展奠定了坚实的基础。当然，在马铃薯收获机方面的研究仍任重而道远，与国外先进技术相比，结合我国地形、土壤多样化，还有许多技术需要进一步提高。

丘陵山区机械化程度需提高。当前的主流机型大都适用于我国平原地区大田作业的生产模式，而对于我国目前占耕地面积比例很高的丘陵山区的小地块种植作业区域，还未有切实可靠与之相适应的生产机械。因此，提高机具适用性是马铃薯收获机具必经的研究设计之路。

联合收获机关键技术仍需提升。在马铃薯的联合作业中，受马铃薯的传输方式等多种因素的影响，马铃薯的破损率较高，主要为破皮率较高，影响马铃薯后期储存。因此，要突破现有技术，在挖掘装置、分离输送装置、捡拾装置等关键技术上进一步提升。

农机与农艺需有效融合。我国幅员辽阔，气候多样，马铃薯的种植模式也不尽相同。农机的设计制造要适应农艺技术的要求，农作物品种和种植模式也要方便农业机械作业，两者需要相互适应、相互配合。因此，从机制上亟须一种有效的管理模式，进而推进农机与农艺的有效结合。例如，马铃薯收获机在进行收获作业时挖掘铲的下降高度需要根据种植要求进行操作，下降过少，易造成切薯、漏挖现象，影响马铃薯产量；下降高度过大，挖掘深度过深，机具动力过度消耗，容易壅土。

机具智能化程度有待提高。互联网、大数据、人工智能及物联网等前沿技术的深度融合，为薯类作物的农业管理提供了强有力的数字化与现代化工具。这些技术不仅加速了农业管理的智能化转型，还极大地促进了薯类作物种植、养护、收获等各个环节的高效管理。通过精准的数据分析与智能决策支持，显著提升了农业部门的行政效能与运营效率。因此，智慧农业模式在薯类作物种植中的广泛应用，不仅是推动现代农业发展的优选路径，更是引领未来薯类农业向更高效、更可持续方向迈进的必然趋势。

第六章　薯类生产配套自动导航系统功能及方案设计

一、薯类生产过程配套导航系统要求

近年来薯类作物在生产过程中的机械化水平得到很大提高，生产效率得到巨大提升。但在收获和播种过程中仍然需要大量的人工力量去配合机器，劳动强度大。由于我国人口老龄化趋势日渐严峻，从事农业的劳动人口数量逐年减少，因此急需提高薯类作物机械的智能化水平和无人化水平。在薯类作物机械上配备自动导航系统能有效减少部分劳动力，逐渐实现薯类作物生产的全程无人化。

薯类作物是地下作物，种植时起垄种植在垄上，因此薯类作物种植过程自动导航系统需要考虑相关问题。传统种植过程，农户必须利用经验来判断所起垄行是否平直，播种、施肥是否均匀，使用拖拉机配合播种机进行播种时，必须保证每一次耕种路线要与前一次重叠，避免留下未耕、未播种、未施肥的空地，造成浪费。同时，要保证垄行均匀、重叠部分不应太大，否则会造成化肥、种子、农药以及燃料的浪费。后续所有的生产过程都是基于播种时所起垄行，一旦播种走不直，容易将垄沟堵死，导致水肥不均，且极易损伤相邻垄的薯种。传统的人工起垄需要驾驶员长时间集中精力保持拖拉机行驶轨迹一致，才可以保持所起垄行水平。因此，薯类作物播种时所使用的导航系统最基本的要求就是保持水平、播行起垄直、边接垄行距准确、作业轨迹直线度偏差小于2.5cm，以有效提高生产效率和产量、减少农作物生产投入成本、显著提高作业效率、实现土地利用最大化，并利于后期机械化作业。另外，当前使用的薯类作物播种机多为联合一体机，集播种、施肥、覆膜多项工作于一体，需要配合人工进行工作，由人工进行膜上覆土、去种和补种工作，因此导航系统在工作时必须保持平稳且具备紧急避障功能，以免对工人造成伤害。

薯类作物收获时需要更多劳动力，薯块从地底挖出时，容易混杂土块、石块等杂物，收获机需要实现薯土分离，同时薯类作物表皮容易受到损伤，使用机器收获时要尽量避免造成表皮损伤。现阶段常使用的薯类作物收获机械包括小型收获机和大型一体式联合收获机。小型收获机体型小，只需将薯类作物从地底挖出，薯土分离后直接输送放到地里，最后由人工进行捡拾。但小型收获机的配套导航系统需保持行驶在垄行，挖掘铲下降深度准确、速度均匀，避免损伤薯块或者壅土使机器停止运行；转接行要准确，避免空挖、漏挖，同时要避免对已挖掘的薯类作物和捡拾工人造成损伤。而薯类作物大型一体式联合收获机在车上由人工进行分拣，经传输装置输送至收集装置中，不需要人工再次捡拾。但大型一体式联合收获机配套导航系统需要保持稳定、驾驶速度均匀，且挖掘速度要与捡拾速度相匹配，还需要配合判断收集装置是否集满，同时需要融合组合导航方式实现大型一体式联合收获机的自动转向。

二、导航关键技术分析

由于薯类作物种植生产环境复杂多变，相关机械的自动导航系统发展较为缓慢。自动导航系统需要重点解决的是导航定位、路径规划、农机转向控制稳定性这三个关键问题。即利用环境传感器等各种技术手段，实时获取农机自身的位置、车身姿态、作业环境状态等信息；利用实时得到的环境信息，结合农机状态信息进行路径规划；利用控制器处理得到的各种信息直接控制农机的运动。

（一）导航环境感知技术

导航感知系统主要是利用导航传感器对农业机械进行精确定位，目前常用的导航方法有卫星导航、机器视觉导航、惯性导航，以及多种传感器融合的组合导航单元和其他导航方法。

薯类作物多为大田种植，种植区域开阔，无高大树木等物体影响，卫星信号良好，利用卫星导航方式能够精确实现农机的定位导航；而机器视觉导航方式是利用视觉传感器实时拍摄农田信息照片并实时对图片进行处理与分析，通过处理后的照片能够获取到周围环境信息，实现自身定位与路径识别。收获薯类作物时垄行杂草较多，且薯类作物植株较高，容易遮挡垄行，机器视觉导航方式难以实现精确识别，不具有全程通用性。因此，直接选用卫星导航技术实现在薯类作物种植区域的农机导航。

常见卫星导航方式包括 GPS 卫星导航、北斗卫星导航系统，卫星系统具有全球性、全天候工作，以及定位精度高和操作简便等优点，通过空间站中已知位置的卫星对测量点进行测距，当 4 颗以上卫星同时对测量点进行位置测距，就能解算出测量点的精确位置。按照定位方法可以分为单点定位和差分定位。单点定位利用一个 GNSS 接收机的测量数据来进行定位，测量方式只能是伪距观测，精度较差。差分定位是指利用两个及以上的 GNSS 接收机的测量数据来消除定位点的公共误差以此来获取高精度定位信息，测量方式为伪距观测或相位观测，精度最高能达到毫米级。

差分定位方式按照处理数据时间的不同可以分为实时差分技术和事后差分技术。实时差分技术在用户和系统间使用数据链进行通信，结构更加复杂，用户可以实时获得定位结果。按照基准站发送信息的方式又可将差分定位分为位置差分、伪距差分和载波相位差分，其中载波相位差分技术数据处理复杂但能获得较高的定位精度。农机导航作业精度要求较高，一般要求达到厘米级，因此选择采用实时动态载波相位差分（Real Time Kinematic，RTK）技术。该技术将基准站采集的载波相位发送给用户接收机，根据本机和基准站的载波相位观测值进行求差，解算坐标，实现定位。传统 RTK 技术中，只有一个基准站，流动站与基准站的距离不能超过 10～15km，且在不同地块作业时需要再次建立基准站，操作比较麻烦。网络 RTK 技术不需要用户建立自己的基准站，用户与基准站的距离可以扩展到上百千米，不仅能减少误差源，而且配置简单，用户仅需通过访问提供网络 RTK 服务的 IP 地址，选择相应的源节点并登录，就能通过 Ntrip（Networked Transport of RTCM via Internet Protocol，通过互联网进行 RTCM 网络传输的协议）协议来实现观测站和用户之间差分数据的无线传输。

网络 RTK 可以分为 3 个基础部分，分别是基准站数据采集、数据处理中心进行数据处理得到误差改正信息、播发改正信息。多个基准站同时采集观测数据并将数据传到数据处理中心，数据处理中心由主控系统通过网站控制所有基准站，主控系统对所有基准站上传的数据进行解算并将改正信息播发给用户。目前网络 RTK 技术常用的是虚拟参考站技术（VRS），在 VRS 网络中，各基准站不直接向用户发送改正信息，而是将所有的原始数据通过数据通信链路发给控制中心。用户在工作前，先向控制中心发送一个概略坐标，控制中心收到这个位置信息后，根据用户位置，由计算机自动选择最佳的一组固定基准站，根据基站发来的信息，整体改正 GPS 的轨道误差，电离层、对流层和大气折射引起的误差，将高精度的差分信号发给用户。这个差分信号的效果相当于在移动站旁边，生成一个虚拟的参考基准站，从而解决了 RTK 作业距离上的限制问题，保证了用户所接收到信息的高精度。

虚拟参考站法就是设法在移动站附近建立一个虚拟的基准站，并根据周围各基准站上的实际观测值推算该虚拟基准站上的虚拟观测值。由于虚拟参考站离流动站很近，一般仅相距数米至数十米，故用户只需采用常规 RTK 技术就能与虚拟基准站进行实时相对定位，获得较准确的定位结果。如果网络 RTK 的数据处理中心能按常规 RTK 中所用的数据格式来播发虚拟基准站的观测值及其坐标，那么网络 RTK 中的动态用户就可用原有的常规 RTK 软件来进行数据处理。在虚拟参考站法中，动态用户也需要根据伪距观测值和广播星历进行单点定位，求得流动站的粗略位置并实时将它们传送给数据处理中心。数据处理中心通常就将虚拟基准站设在该点上。此时虚拟基准站离真正的流动站位置可能相距 20～40m。虚拟参考站法的关键在于如何构建出虚拟的观测值，一旦构建出虚拟的观测值，在数据处理时就可将虚拟基准站看作一般的基准站来进行处理。

通过使用基于网络 RTK 技术的卫星导航方式，在农田作业时可以不用安装基准站，减少系统的搭建时间，不仅能够提高导航系统的定位精度，还可以大幅降低导航系统的成本，提高导航系统的工作效率。

（二）导航系统路径跟踪及控制

导航控制器通过位置传感器、航向角传感器的数据生成导航路径，对载体坐标系进行转换，选择合适的控制算法，对车辆的转向进行控制，调节车辆的车轮转角以减少行驶路径与设定路径的偏差，从而能够精确跟踪期望路径。常用的控制方法有 PID 控制、模糊控制和神经网络控制等智能控制方法。

1. 标系转换

导航路径跟踪控制是自动导航系统的核心部分，主要用于对农机位姿进行解析并对偏差进行分析预测，从而得出需要系统执行的目标转向角。导航定位常用的坐标系包括大地坐标系、东北天坐标系和载体坐标系，在使用时需通过方向余弦矩阵将地理坐标系转换到载体坐标系上，通常使用的是二维旋转和三维旋转。

二维旋转如图 6-1 所示，点 v' 是点 v 绕原点旋转 θ 得到的，令点 v 的坐标为 (x, y)，点 v' 的坐标为 (x', y')，原点到点 v 的距离为 r，原点到点 v 的向量与 x 轴的夹角为 φ，则点 v 与点 v' 表示为：

$$\begin{cases} x = r\cos\varphi \\ y = r\sin\varphi \end{cases} \tag{6-1}$$

$$\begin{cases} x' = r\cos(\theta + \varphi) \\ y' = r\sin(\theta + \varphi) \end{cases} \tag{6-2}$$

将式（6-2）通过三角函数展开得到：

$$\begin{cases} x' = r\cos\theta\cos\varphi - r\sin\theta\sin\varphi \\ y' = r\sin\theta\cos\varphi + y\cos\theta\sin\varphi \end{cases} \tag{6-3}$$

将式（6-1）代入式（6-3），得到：

$$\begin{cases} x' = x\cos\theta - y\sin\theta \\ y' = x\sin\theta + y\cos\theta \end{cases} \tag{6-4}$$

将式（6-4）改写成矩阵相乘的形式：

$$\begin{bmatrix} x' \\ y' \end{bmatrix} = \begin{bmatrix} \cos\theta & -\sin\theta \\ \sin\theta & \cos\theta \end{bmatrix} \begin{bmatrix} x \\ y \end{bmatrix} \tag{6-5}$$

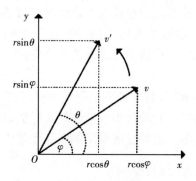

图 6-1　二维旋转

三维旋转通常分为绕三个轴的旋转方式和按照方向余弦矩阵进行坐标系的转换，三维坐标示意图如图 6-2 所示。

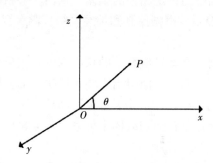

图 6-2　三维坐标示意图

（1）绕 x 轴旋转

如图 6-2 三维坐标系中，当点 P（x，y，z）绕 x 轴旋转 θ 角得到点 P'（x'，y'，z'），x 坐标保持不变，在 yOz（O 是坐标原点）平面上进行二维旋转，把三维坐标系转换到二维坐标系。如图 6-1，y 轴类似于二维旋转中的 x 轴，z 轴类似于二维旋转中的 y 轴。根据式（6-4）有：

$$\begin{cases} x' = x \\ y' = y\cos\theta - z\sin\theta \\ z' = y\sin\theta + z\cos\theta \end{cases} \tag{6-6}$$

根据式（6-5），将式（6-6）改写成矩阵相乘形式：

$$\begin{bmatrix} x' \\ y' \\ z' \end{bmatrix} = \begin{bmatrix} 1 & 0 & 0 \\ 0 & \cos\theta & -\sin\theta \\ 0 & \sin\theta & \cos\theta \end{bmatrix} \begin{bmatrix} x \\ y \\ z \end{bmatrix} \tag{6-7}$$

（2）绕 y 轴旋转

绕 y 轴的旋转，旋转角为 α，y 坐标保持不变，除 y 轴之外，在 zOx 平面进行一次二维的旋转，见图 6-1，z 轴类似于二维旋转的 x 轴，x 轴类似于二维旋转中的 y 轴。根据式（6-6），同样有：

$$\begin{cases} x' = z\sin\alpha + x\cos\alpha \\ y' = y \\ z' = z\cos\alpha - x\sin\alpha \end{cases} \tag{6-8}$$

根据式（6-7），将式（6-8）改写成：

$$\begin{bmatrix} x' \\ y' \\ z' \end{bmatrix} = \begin{bmatrix} \cos\alpha & 0 & \sin\alpha \\ 0 & 1 & 0 \\ -\sin\alpha & 0 & \cos\alpha \end{bmatrix} \begin{bmatrix} x \\ y \\ z \end{bmatrix} \tag{6-9}$$

（3）绕 z 轴旋转

在三维坐标系中，当点 P（x，y，z）绕 z 轴旋转 β 角，得到点 P'（x'，y'，z'）。由于是绕 z 轴进行的旋转，因此 z 坐标保持不变，x 和 y 组成的 xOy（O 是坐标原点）在平面上进行一次旋转，绕 z 轴旋转，z 坐标保持不变，xOy 组成的平面内正好进行一次二维旋转，据式（6-6）和式（6-8），得到：

$$\begin{cases} x' = x\cos\beta - y\sin\beta \\ y' = x\sin\beta + y\cos\beta \\ z' = z \end{cases} \tag{6-10}$$

同理，根据式（6-7）和式（6-9），将式（6-10）改写为：

$$\begin{bmatrix} x' \\ y' \\ z' \end{bmatrix} = \begin{bmatrix} \cos\beta & -\sin\beta & 0 \\ \sin\beta & \cos\beta & 0 \\ 0 & 0 & 1 \end{bmatrix} \begin{bmatrix} x \\ y \\ z \end{bmatrix} \tag{6-11}$$

（4）方向余弦矩阵

根据旋转变换的性质，方向余弦矩阵代表按照不同顺序绕 zxy 坐标轴得到矩阵。按照 zxy 顺序对应的组合旋转矩阵是 $\boldsymbol{J} = \boldsymbol{J}z \times \boldsymbol{J}x \times \boldsymbol{J}y$，按照 xyz 对应的组合旋转矩阵为 $\boldsymbol{J} = \boldsymbol{J}x \times \boldsymbol{J}y \times \boldsymbol{J}z$。根据式（6-7）、式（6-9）和式（6-11）的旋转矩阵，计算 z-x-y 顺序下对应的方向余弦矩阵，结果为：

$$J = \begin{bmatrix} \cos\beta\cos\alpha - \sin\beta\sin\theta\sin\alpha & -\sin\beta\cos\theta & \cos\beta\sin\alpha + \sin\beta\sin\theta\cos\alpha \\ \sin\beta\cos\alpha + \cos\beta\sin\theta\sin\alpha & \cos\beta\cos\theta & \sin\beta\sin\alpha - \cos\beta\sin\theta\cos\alpha \\ -\cos\theta\sin\alpha & \sin\theta & \cos\theta\cos\alpha \end{bmatrix}$$

(6-12)

2. 抗积分饱和 PID

薯类作物农田环境复杂,导航系统容易受到作业机具与土壤间的非线性作用力以及地面的不平整影响等因素的干扰,当控制不稳定时很容易对薯类作物造成伤害。路径跟踪算法的抗干扰能力将直接反映在自动导航作业系统的作业质量上。系统采用抗积分饱和 PID。

PID 控制器包括比例、积分和微分,其功能框图如图 6-3 所示。

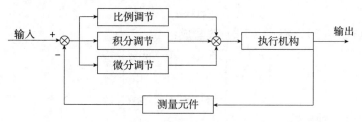

图 6-3 PID 功能框图

根据图 6-3,在时刻 t 的输入量为 $rin(t)$,输出量为 $rout(t)$,则误差为 $err(t) = rin(t) - rout(t)$,则 PID 控制器函数表示为:

$$U(t) = K_p \left[err(t) + \frac{1}{T_i}\int err(t)dt + \frac{T_D derr(t)}{dt} \right] \quad (6-13)$$

式中,K_p 为比例,T_i 为积分时间,T_d 为微分时间。

PID 控制器中积分的作用是消除系统中存在的静态误差,保证系统的稳定性,但是积分很容易陷入饱和,导致系统超前调节或者滞后调节。当积分饱和时,PID 抗积分抗饱和算法对积分项加入负反馈,使其尽快退出饱和,原理框图如图 6-4 所示。

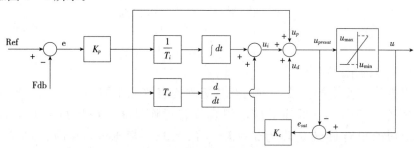

图 6-4 抗积分饱和 PID 框图

注:Ref 为给定输入、Fdb 为反馈信号、e 为误差。

抗积分饱和 PID 控制器的微分方程描述如下：

$$u_{presat}(t) = u_p(t) + u_i(t) + u_d(t) \tag{6-14}$$

将其离散化得到积分和微分最终表达式为：

$$u_i(k) = u_i(k-1) + K_i u_p(k) + K_c[u(k) - u_{presat}(k)] \tag{6-15}$$

$$u_d(k) = K_d[u_p(k) - u_p(k-1)] \tag{6-16}$$

3. 追踪算法

导航路径跟踪最重要的目的就是满足精确作业要求，如在薯类作物种植过程中要保证所起垄行水平且间距相同，反映在拖拉机上就是要求拖拉机控制横向偏差和航向角的精度要在一定范围内。控制过程具体思路就是模拟驾驶员手动驾驶拖拉机过程，当驾驶员发现拖拉机整体偏离预定路径较多时，应尽快转动方向盘以逼近期望路径；当偏离较少时，方向盘转动角度应稍小以减少控制超调量。本系统使用基于几何追踪的算法进行路径跟踪。

基于几何追踪的算法包括纯追踪算法和预瞄点路径追踪算法。纯追踪算法是通过计算移动车辆从当前位置到目标位置所走弧长的追踪算法，目标位置点与车辆当前位置点之间的距离称为前视距离，是类似于驾驶员驾驶时观测前方道路的一个判断距离，核心在于目标点的确定，该算法已经广泛应用于路径跟踪领域。农机运动学模型的建立是导航控制算法实施的基础，农机导航系统大多应用在前轮转向、四轮驱动的轮式农业机械，在算法设计时，一般不考虑侧偏、滑移、地面状况等因素的影响，所以一般将农机简化成二轮车模型，通过计算得到转向车辆直线路径跟踪的转向角计算公式，通过计算公式可以计算得出在不同驾驶速度、农机长度状态下的转向角，最终得到关于位置偏差和航向偏差的线性控制规律，该追踪方法既适用于直线路径跟踪，又适用于曲线路径跟踪。

预瞄点路径追踪算法是指计算车辆在运动中从当前位置到目标位置走过的弧形轨迹，通过预瞄的方式来获取期望路径上的目标点。整个预瞄追踪过程分为大角度航向跟踪以消除初始导航阶段的航向误差、农机沿预瞄方向行驶渐进上线、沿作业规划行的直线路径跟踪三个阶段。追踪阶段期望车轮转角为农机方向和预瞄方向偏差的 PID 控制，得到预瞄追踪模型。

在导航系统追踪路径时，人工摆放初始位置与规划行偏差较大、颠簸复杂的农田路面造成农机出现甩头摆尾滑动等现象，容易导致出现农机位置或航向偏差瞬间变大等问题，农机不可能总是处于较为理想的直线路径跟踪控制过程中，所以要有针对特殊情况下稳定的路径追踪算法。农田实际应用环境迫切要求研究提高农机自动导航系统上线速度、上线稳定性以及对复杂路面适应性的路径跟踪控制算法。

（三）路径规划及转向控制技术

薯类作物农机在农田自动导航作业时，路径规划是进行导航作业的前提，也是导航作业系统研究的主要内容之一。地头转向是农业机械完成当前行作业，通过姿态调整，精确进入下一行的重要步骤，也是导航的关键问题，必须做到十分精准，误差要小于 2cm。合适的路径规划和地头转向可以提高作业的精度、缩短在地头转向的时间，避免对薯块造成损伤。

农机在转向过程中需要考虑的因素较多，如果能够较全面地考虑车辆运动学和动力学约束，转向控制精度会更高，因此在综合考虑各种因素下建立合理的车辆转向模型是实现精确转向的前提。农机自动导航系统转向控制的经典方法是基于农机转向运动学模型，通过调节输出控制量实现农机的自动驾驶，典型的运动学控制方法是纯跟踪模型，通过研究转向过程中的几何关系实现转向过程的精确控制。通过转向过程中的几何关系可以推导出农机转向到达目标点所转过的圆弧，然后通过追踪圆弧路径实现精准转弯。

根据不同作物田间作业环境及其栽种习惯，根据不同转弯方式可以将路径规划为绕行法、套行法、梭形法和离心法，当转弯半径较小时采用直接转弯的行驶路径。由于薯类作物是起垄作业，需直线行驶。在搭载小型农具的情况下，转弯半径较小，可采用梭形法或直接转弯的方法；当使用大型联合收获机械时，可采用绕行法转弯方式。路径行驶具体方式如图 6-5 所示。

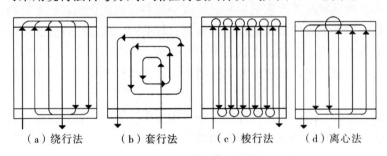

| （a）绕行法 | （b）套行法 | （c）梭行法 | （d）离心法 |

图 6-5　不同作业行驶路径

三、导航系统总体功能设计

整套导航系统按照功能组成可以具体分为感知单元、控制单元、执行单元、上位机控制单元 4 个部分。感知单元由高精度陀螺仪、全球导航卫星系统（GNSS）卫星接收机和惯性测量单元（IMU）姿态传感器 3 个部分组成，主要作用是获取农机航向、实时位置信息。控制单元负责处理数据融合、路径规划预解算、路径跟踪控制等问题。执行单元是指导航末端执行机构，包括轮式拖拉机的前轮转向系统、机具控制系统和油门控制系统，控制模块通过 CAN 协议与执行机构进行通信。上位机控制单元是指工作在田间的计算机上的 UI 界面，主要用于完成控制参数设置、作业任务规划、导航状态显示、系统整体控制等具体功能。本节着重介绍导航控制器和上位机控制单元的功能架构。

（一）导航控制器

导航控制器是导航系统的控制中枢，能实时接收实时动态差分定位技术（RTK）数据和前轮陀螺仪数据，将定位数据与姿态信息相融合，并与预定作业路径相比较，确定合适的转向轮偏角和前进速度，通过 CAN 总线分别发送到电动方向盘和整机控制系统，实现农机的自动驾驶。

（二）数据解析及处理

导航控制器首先要进行数据获取和处理，本系统采用基于互联网进行实时差分导航数据传输协议（NTRIP）进行 RTK 数据的传输，所有 RTK 数据均可以被传输，本系统作为 NTRIP 客户端接收 RTK 数据并进行解析。目前使用最广泛的数据协议是美国国家海洋电子协会 0183 标准（NEMA-0183）协议，通过解析接收的数据获取需要的信息，通常最常用且可用信息最多的数据是全球定位系统定位信息（GGA）数据和地速向量（VTG）数据。GGA 数据是 GPS 固定数据输出语句，它可以提供时间、经纬度、海拔高度等信息；VTG 数据提供地面速度信息，可以获取实时地面速率。获得经度、纬度和速度之后，需要将经度、纬度和速度进行高斯转换（转换到平面坐标系中），一般采用高斯-克吕格投影进行坐标变换，做法是将一椭圆柱横切于地球椭球体上，两者表面的切线称为中央经线，然后把中央经线两侧规定范围内的地球椭球体上的点投影到椭圆柱面上，从而得到该点的高斯投影。

（三）系统上线控制

导航控制器接收来自上位机的指令，设定所使用农机的相关安装参数。上位机下发相关作业指令，将作业路径以点的方式存储在控制器中。开始作业时，导航系统需要找到作业起始点，并且实现快速上线，农机导航系统的上线速度和稳定性对薯类作物田间作业导航系统的性能有很大的影响，当上线速度较慢时，可能会出现漏播现象，造成土地资源的浪费；而在薯类作物收获时，上线不稳定和上线速度较慢容易行驶到垄行，造成薯类作物的损失。本系统使用基于预瞄点追踪的纯追踪模型，根据农机驾驶员在进行路径跟踪过程中的转向操作规律而建立，使农机的运动尽可能与设定的轨迹一致。在上线开始时，农机方向与预瞄方向可能偏差较大，对转向轮角进行大角度控制，可以快速校正预瞄航向偏差跟踪预瞄路径；而当偏差较小时，对转向轮角进行小角度控制，可实现稳定的控制。基于以上规律设计上线算法可以实现快速且稳定的上线。

（四）田间作业路径跟踪

田间作业阶段采用 ABCD 式导航作业模式，通过上位机打点设定地块 4 个顶点，导航控制器根据当前点坐标重新对 ABCD 4 个点进行规划，规划完成后根据顺时针逆时针标志及农具幅宽和安全距离设置重新生成 ABCD 4 个点。规划完成后按照设定的农具长度计算作业行数。以较长一边作为 AB 线，根据该条直线每隔 1 个农具宽度产生一组平行路径，所有产生的直线集合即为人工设定的导航路径。

根据田间作业要求，以实现全地块覆盖为目标进行路径规划。路径规划由直线路径规划和转弯路径规划组成。如图 6-6 所示，虚线 ABCD 为实际地块边界，为保证作业安全，实际地块边界线向内缩小为作业幅宽 L 的一半，缩小后的安全作业边界线为 A′B′C′D′。直线路径规划方法具体如下。

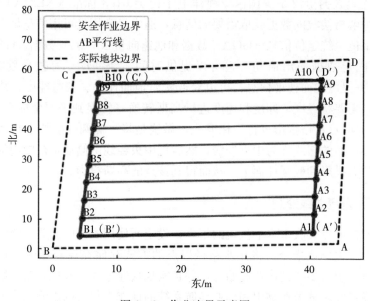

图 6-6　作业边界示意图

如图 6-7 所示，以边界线 AB 为基准线，根据设定的作业幅宽 L，依次划定作业平行线；将实际地块边界线 AD、BC 内缩为安全作业边界线 A′D′、B′C′，内缩量为 L/2，内缩线与规划平行线的交点即为直线路径的节点；将节点保存在变量中，供导航控制器直线路径跟踪软件调用。

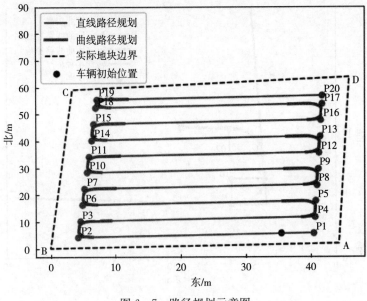

图 6-7 路径规划示意图

（五）垄头转弯控制

在垄头转弯时，需要根据农机宽度及转弯半径严格设计转弯路径。当转弯半径小于农具宽度时，导航系统可以直接转弯行驶至下一作业行。当转弯半径略大于农具宽度时，可以选择使用梨形或鱼尾形转弯方式，也是直接行驶至下一作业行。当使用大型联合机械时，转弯半径过大，采用跨行转弯方式，隔行作业，能够在更小的安全距离下完成转弯动作。

地头转弯曲线部分的路径规划方法如下：图 6-8 为地头转弯示意图，规划两段半径为 R 的圆弧 EF 和 GH，圆弧 EF 与安全作业边界线在点 E、F 内切，圆弧 GH 与安全作业边界线在点 G、H 内切，直线段 FG 连接两段圆弧构成地头转弯曲线主路径 S；在主路径 S 末延长直线段 HJ 为辅路径，实现测量转向对行线上的平顺过渡；将规划的路径曲线以 5cm 为间距离散化，将路径离散点存于变量中，供导航系统地头转向控制软件调用。

（六）农具控制

农机在自动导航过程中需要对搭载农具进行相关操作，具体包括搭载农具的提升下降、动力输出等环节，在自动驾驶过程中需要配合对农机的控制，当农机在田间作业时，导航系统需要通过判断农机当前位置然后决定农具的提升下降和动力输出的开闭操作。当农机尚未进入作业地块、处于上线阶段时，农

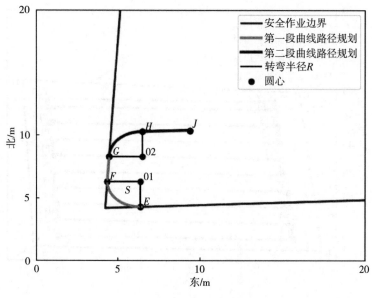

图 6-8　地头转弯示意图

注：图中 01、02 为 2 个圆心。

具必须处于提升状态且动力输出关闭；当判断农具开始工作时，农具下降，打开动力输出，系统开始作业；当农机需要转弯换行时，需要将农具抬升并关闭动力输出。当农具控制不精准时，容易出现漏播、漏收、伤薯等情况，因此自动导航系统准确的作业点判断是农具精确控制的关键。

（七）上位机控制单元

上位机控制单元是整个系统的人机交互核心，系统通过一块显示屏显示当前农机导航状态，不仅可以实时显示当前坐标、导航偏差、当前作业行、行驶路径等导航作业信息，还可以实现农机已作业路径的实时显示与绘图。在使用时要对相关参数进行设置，主要是设置 GNSS 接收机的安装位置、搭载农具宽度等导航相关参数。系统开始工作前需要进行标定工作，标定系统 IMU 数据和前轮陀螺仪数据，并选择相应的系统参数。本系统由于采用网络差分技术实现定位，上位机通过选择需要连接的 IP 地址和端口号获取响应的源节点，选择相应的源节点并提供相应的账号和密码就可以实现定位数据的精确获取，数据传输给控制器进行进一步的解析和后续使用。自动导航系统通过上位机选择不同的作业模式，在不同作业模式下执行导航路径打点工作，打点完成后上位机将相关数据点下发给导航控制器，导航控制器根据相关数据点执行路径跟踪工作。

四、性能指标分析

薯类作物生产方面的机械的自动导航系统为精确导航，需要较为精准的定位精度和控制精度，否则会对薯类作物薯块造成损伤，造成较大的损失。薯类作物为垄上覆膜种植，一旦偏离导航路线，容易出现压垄等现象，因此用于薯类作物生产过程中的自动导航设备需要具备较高的定位精准度和控制准确度。农机导航系统作业性能指标需满足导航误差≤2.5cm、行距误差≤2.5cm、重复性误差≤2.5cm、上线距离误差≤5m。

五、安全性问题

薯类作物生产机械的导航设备仍处于发展的初级阶段，能够初步完成简单的自动导航功能，而农田环境复杂多变，容易出现各种突发状况，当前导航系统大部分还未添加避障相关功能，需要人工及时干预。当出现危险状况时，整个导航系统要及时停止，从活动状态切换到关闭状态，需要满足驾驶员的操作请求，以避免危险情况的发生。

六、本章小结

本章介绍了在薯类作物生产全程智能化过程中配备导航系统的相关内容，通过介绍薯类作物生产全过程配套导航系统的具体要求引出自动导航相关具体技术；并对整个系统的具体架构和功能实现进行了简要介绍，介绍了当前自动导航系统的实现方法；最后对自动导航系统的性能指标进行了分析，并简单介绍了当前自动导航系统存在的安全性问题。

第七章　薯类智慧农场信息化管理平台

一、研究现状

随着科技的迅速发展，新一代信息技术已经渗透到农业行业，并与农业领域融合渗透，使得农业向信息化迈进，当前农业领域已经迈入以信息化、数据知识等为核心的现代智慧化农业时代。农业在国家发展中一直都占据着举足轻重的地位，所以发展智慧农场已经成为各国之间的共识，并且关乎着一个国家能否抢占农业科技的制高点。智慧农场是指在一定的土地生产经营规模条件下，系统有机组合智慧农业技术，实现农场适度生产经营管理服务的数字化、网络化、智能化的农场生产方式。在最近几年，我国顺应农业发展大势，先后出台了有关智慧农场建设的相关政策，对提高农业效率、解决农业劳动力不足、提高农业生产质量以及提高产业竞争力具有重要贡献。国外已进行了多年关于智慧农场的研究，其相关的科技也发展了很长时间，而且国外对智慧农场的研究更加广泛且研究人员众多，其信息化程度也较高；而我国虽然农业生产历史悠久，但是对智慧农场的建设还处于起步阶段，在基础建设以及信息化程度方面还存在一些差距，迫切需要更加先进的建设理念和技术应用到符合我国农业发展中去，助力我国在智慧农场建设与发展中追赶发达国家。

当前国外智慧农场的建设主要分为两大类：第一类智慧农场是以美国和德国为代表的人少地多的高信息化、高机械化农场；第二类智慧农场是以日本为代表的人多地少的高度集约、细节精细化型的农场，日本智慧农场风格的建立是根据自身国情决定的。智慧农场区别于普通农场主要在于智慧农场对于农田的智慧管理以及作物生长检测方面。20世纪80年代，美国等发达国家就已经把遥感与物联网技术与作物的种植、播种、收割等生长环节结合到一起。基于历史发展以及社会需要，智慧农场发展受政府政策导向、资金支持、信息化技术发展、创新的商品交易模式、农民教育体系等因素影响较大。国外在研究智慧农场的过程中，主要把目光放在提高所种植农作物的质量和产量上，利用智能一体化水肥系统提高水肥利用率，建立受多种因素影响的生长模型，如气候、土壤、培育技术及遗传特征等。生长模型为农作物的各种定性、定量描述和农作物的耕种、栽培、管理等提供最终决策。美国构建的作物生长模拟（DASSAT）模型以及荷兰构建的瓦赫宁根（Wageningen）模型对作物的生长过程进行量化，包括生长、发育、产量对外界的需求和反应。

新中国成立以来，我国一直把农业放在非常重要的地位，经过几十年的发展，我国农业取得了长足的进步，我国也成为世界农业大国。薯类作物在世界粮食生产中占有很重要的地位，也是我国的主要粮食作物之一，薯类作物在我国的种植面积分布非常广泛，其种植工艺已经非常成熟，但在产业结构上还不够先进。我国农业也正处于一个很重要的转型时期，农场正由原来的传统农场向现代化、信息化、智能化方向快速发展。随着我国农业经济总量的增加，传统的农场管理已经不能满足农业经济总量的发展需求，强调农场的智慧化、信息化和科技化是近年来中央一号文件的重要内容。目前，遥感技术发展非常迅速，并快速应用于智慧农场以及无人驾驶技术等各个领域。5G网络时代的到来，智慧农场迎来了新的发展时期，不仅是国家在大力发展智慧农场，很多企业也把智慧农场作为发展战略，例如阿里巴巴、腾讯等均把智慧农场作为公司未来发展的重要版图。相信在不久的未来，中国的智慧农场一定能够成为世界级的智慧农场。

二、研究目的

本研究拟建立一个基于农业生产以及人员管理为目的薯类（马铃薯和甘薯为主）智慧农场信息化管理平台，通过借鉴其他多个大型企业农场管理平台的经验，搭建综合化薯类智慧农场信息化管理平台。由于信息化技术已经广泛应用于农业生产中，从而促进了大型农场的信息化发展，并通过运用现代信息化技术建设了一个可持续发展的系统和体系。智慧农场通过对管理系统细致高效的应用，尤其是对薯类试验基地的地块管理、员工管理、气象监测、无人驾驶导航、智能一体化水肥等模块的应用，极大地提高了薯类智慧农场的管理效率以及农作物生产质量，弥补了我国薯类传统农场经济效益和管理缺失的现状，也为未来我国智慧农场的发展带来了宝贵的经验。

三、系统设计

（一）系统需求分析及功能分析

1. 系统需求分析

该系统旨在提升薯类农场数字化、网络化、智能化水平，解决薯类传统农场地块管理、人员管理、农机具管理复杂低效以及智能化水平低的实际难题。因此，开发出一款符合现实需要的系统必须充分了解并分析薯类智慧农场的实际需求。该系统存在以下几点需求。

第一，实现农业生产管理。该模块主要聚焦薯类农场农作物生长，通过物联网技术实现与其他模块的数据共享，从而为农业生产提供预警，帮助用户减少损失、提高产量。

第二，实现农场地块管理。该模块可以实时查看农场土地情况、获取土壤养分等信息，从而为用户提供明确的生产数据。

第三，实现农场无人作业管理。该模块可以实现农场农机具的无人作业，通过自动规划路径、无人驾驶导航，大大提高了工作效率。

第四，实现农场人员管理。该模块可以录入农场工作人员的具体信息，以便管理者能够更加人性化地管理员工，极大地提高了管理效率。

第五，实现农机具管理。该模块可以实时查看智能农机的各项功能参数（马力、适合作业区域等），并能进行车辆数据异常报警等，大大提高了农机具的作业效率。

2. 系统功能分析

系统功能模块设计是系统功能分析中的重要环节。本项目开发薯类智能化农场系统的目的是使智能农场管理者能够运用系统提高对农场的管理效率，主要是针对薯类农业生产、农场地块、农场无人作业、农场人员、农机具5个方面的管理问题，构建一个管理系统。另外，通过农事专家咨询模块，实现用户与专家的沟通交流。满足用户全过程农场管理的需求，使农场管理形成高效模式。

针对用户需要实现的功能包括土地环境管理、农场无人作业管理、农场人员管理、农机具管理、气象监测、智能水肥管理、病虫害防治、农事管理质量监控、生产任务调度、产效分析、农事专家咨询。

（二）系统设计思路

薯类智慧农场信息化管理平台的开发目的是针对农场地块管理、农场人员管理、农机具管理、无人作业管理以及农业生产管理等多个维度的薯类农场管理问题，构建一个智慧型薯类农场管理系统。信息化管理平台通过物联网以及农场管理过程中的数据共享，为农场管理者提供完整体系的管理服务，解决薯类农场机具、土地、人员、库房等管理不完善的问题，实现科学化、高效化、人性化的大型农场管理服务。系统全方位地根据薯类农场的管理特点以及各功能模块的功能特点，并运用最新系统分层设计方法，设计整体框架功能模块，使系统各模块相对独立，便于模块之间的灵活组装与拆分。系统设计思路如图 7-1 所示。

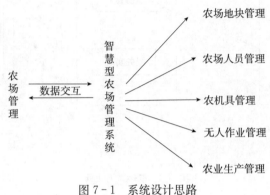

图 7-1　系统设计思路

（三）系统设计技术

薯类智慧农场信息化管理平台系统的开发主要是基于 UML 建模，并采用 Spring 框架结构和模型-视图-控制器（MVC）模式。Spring 框架的主要优势之一就是提供开发者自由选择组建的分层架构，以及给 J2EE 开发提供集成框架。UML 建模在功能方面不单单可以支持对软件的模型化以及可视化，还可以辅助软件开发过程，包括提供软件需求分析说明、软件规格构造以及软件配置问题的解决方案。信息化管理平台在开发过程中主要使用 Java 编程语言用于管理服务端，因为 Java 语言目前越来越成熟，与此同时 Java 语言还支持 Java 服务器页面（JSP）开发技术，这样可以很好地解决客户端浏览器的兼容性问题。系统的前端设计是通过"HTML5+CSS3+JavaScript"技术实现的，此技术可以实现交互性界面。采用集成开发框架（SSH）进行快速开发，更好地解决开发过程中的需求。使用 C♯语言做采集可以按照数据需求自主设置采集周期。

（四）系统设计结构

薯类智慧农场信息化管理平台系统的搭建采用三层分布式结构，三层分布式结构分别为表现层、业务层、持久层，该结构互相交互且独立于程序设计语言，减少了系统风险，封装了复杂的业务逻辑。系统三层架构如图 7-2 所示。

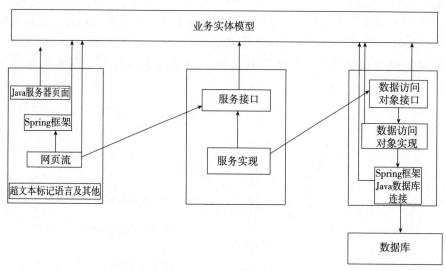

图 7-2　系统三层架构

位于客户端的表现层是系统的接口部分，负责表现层与业务层之间的交互，最后将业务层反馈的数据发布在系统客户端。业务层位于三层中间，是系统业务逻辑处理的核心层，负责系统的数据验证。第三层是由 Java 数据库连接（JDBC）负责的持久层。首先由表现层揭示访问请求，然后由业务层对请求数据进行逻辑处理后提交到持久层，最后由持久层将用户的请求操作与数据库交互处理，并将操作数据结果通过 JSP 页面提供给用户。

薯类智慧农场信息化管理平台具有多个应用模块，包括土地环境管理模块、员工管理模块、气象监测模块、无人驾驶导航模块、智能农机具管理模块、智能水肥模块、病虫害防治模块以及农事专家咨询模块等多个应用模块，这些应用模块能够保证薯类智慧农场的有序健康运行。例如，土地环境管理模块能够对农场的地块分布进行合理管理以及对土壤养分信息做出清晰的数据分析；员工管理模块能够帮助农场管理者对农场员工进行人性化、科学化的管理；气象监测模块能够对农场以及农场附近的气象情况以及未来的天气做出详细预告；智能农机具管理模块能够了解到农场内的智能农机的状态以及农机使用情况和维修保养情况；农事专家咨询模块能够得到专家给出的合理的种植计划，设计规范的农事作业流程，提高标准同质化。正是这些应用模块的协同工作保证了薯类智能农场管理的科学化、智能化、全面性、人性化以及未来发展。

四、薯类智慧农场信息化管理系统

（一）土地环境管理模块

1. 农场基本信息

马铃薯智慧农场示范基地位于山东省胶州市大赵家村，经纬度（十进制）为 120.065°E、36.464°N，可种植宽度约 23.50m，可种植长度为 129.78m，可种植面积达 3 049.83m²，主要种植作物为马铃薯，种植品种包括荷兰 15 号、荷兰系列、沃土 5 号。基地配有智能化装备，包括水肥一体机、七要素气象站、土壤墒情站、无人驾驶 1204 拖拉机、自助导航 554 拖拉机。基地现有 6 名成员，负责农作、农场管理、农业技术、设备维护等工作。

2. 地块管理

地块管理模块负责马铃薯智慧农场示范基地地块的管理，用户可以通过该模块获取各个地块的详细描述和相关信息，如图 7 - 3 所示。地块管理模块提供了地块的空间位置信息，并突出展示了管理的网格化和视频监控点位。此外，该模块还提供了农场空间位置信息的详细描绘，使用户可以清晰地了解当前智能农机具和其他智能化装置的具体位置和状态。

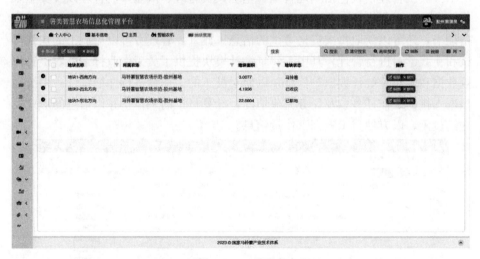

图 7 - 3　地块信息

3. 土壤养分图层信息

土壤养分图层信息包括墒情站数据（包含墒情站 RTK 位置）、手工测试数据（此处仅显示，录入在智慧水肥管理模块）以及第三方数据入口。地理信息系统（GIS）图层管理具有非常强的空间分析能力，能够对地理数据进行可视化、查询、分析与操作。在 GIS 中，图层是地理信息的数据集合，通常包括不同主题或特征的空间数据。每个图层可以包含点、线、面、标记等地理要素。GIS 允许用户将土壤养分数据与地理空间信息结合起来，以创建具有地图视觉效果的图层，使用户能够直观地查看土壤养分在地理空间上的分布和变化，识别问题区域和趋势。GIS 工具使用户能够执行空间查询和分析，以回答各种问题，例如确定哪些地区需要补充特定养分、优化施肥方案、制定土壤改良策略等，并能够检测土壤养分随时间的变化趋势，有助于监测土壤健康状况，以及及时采取必要的措施来维护土壤质量。基于土壤养分图层信息，GIS 可以帮助农民精确确定施肥的类型、量和位置，以最大限度地提高农作物产量，保证土壤肥力，减少资源浪费。

GIS 涵盖数据组织、符号化、查询、编辑、坐标系统管理等多个方面，可以进行数据集成，使不同领域的数据进行交叉分析，并以地图形式进行可视化展示，以确保地理信息数据的有效管理和分析。

（二）员工管理模块

员工管理模块在无人农场的管理中具有重要作用。虽然农场是无人农场，但仍需要进行员工管理，以便管理者能够更加人性化地管理员工，如图 7 - 4 所示。员工管理模块包括基地管理、基地人员管理、从业人员管理以及员工工作量统计 4 个子模块。在这些子模块中，管理者可以查看员工的基本信息和资格证书，还可以获取每次资格考试的信息。此外，管理者可以对员工的在线考试和在线学习进行管理，其中工作量统计模块提供了员工作业打卡、农机具作业数据和工作量统计数据等信息，以便对员工的工作量进行详细统计。系统会根据安排的工作任务以及任务完成情况，计算员工的工作量并以信息的形式发送给员工，以方便员工查询工作量信息。

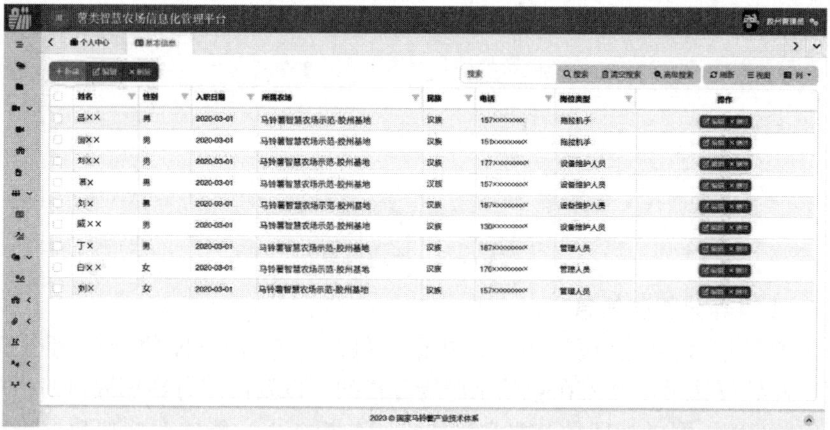

图 7 - 4　人员管理模块

（三）气象监测模块

气象监测模块运用环境气象站传感器测量农场环境数据信息，同时把传感器监测到的信息按照规律转化为电信号进行信息输出，满足传输数据的处理、存储和记录等要求。本设计运用环境监测气象站，环境监测气象站主机供电电压为直流10～30V，含有485接口、以太网接口、GPRS接口，同时满足http协议以及modbus协议，以上接口通信协议完全开放。农场主可根据实际的农场地块环境选择合适的数据上传方式。环境监测气象站可以将环境数据传输到计算机数据库中，通过多种通信方法（有线、数传电台、GPRS移动通信等）与计算机进行连接，用于数据统计分析和处理。内核采用16位微处理器系统，时速可达36MHz；采用12位A/D进行模数转换，精度高、误差小，显示形式为图形点阵液晶192×64。环境监测气象站由防水电箱、立柱横梁、电源通信模块、手机控制后台、LED显示屏、防雷装置、GPRS通信以及温度、土壤湿度等监测配置组成。具体配置如图7-5所示。

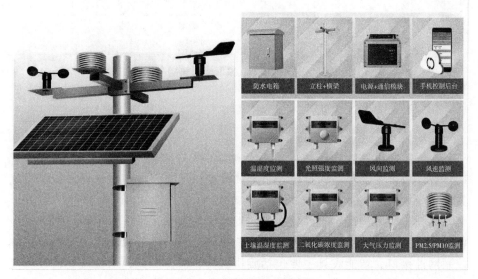

图7-5　气象站监测配置

气象监测模块用于更好地了解当地的气象信息（图7-6）。由于农场的运营和发展与天气密切相关，因此必须清楚地了解气象信息及其变化。在该界面上，用户可以清晰地查看当天农场的天气信息以及每个时间段的具体天气情况。该模块能够获取中央气象站和自建气象站提供的气象信息，并对当地及其附近地区的天气变化进行预测。用户可以查看当地空气湿度、风速、能见度、气压等详细信息，还可以获取当天不同时间段的气象信息以及未来15天内的气象信息和变化趋势。此外，该界面不仅提供了详细的天气比较统计，包括同一天不同年份的气象变化以及不同日期的天气信息对比，还提供了独特的气象显示风格，用户可以根据自己的喜好设置相应的背景，也可以选择参考中央气象台的网络显示风格。

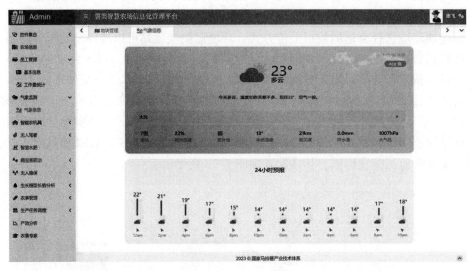

图 7-6　气象监测模块

（四）智能农机具管理模块

在智能农机具管理模块中，界面被划分为智能农机和智能农具分类管理。智能农机主要包括拖拉机、自走式收获机、喷药机等农机具，智能农机具管理模块可以展示智能农机的各项功能参数（马力、适合作业区域等）。无人驾驶车辆可调用无人驾驶传递的发动机等数据，并进行车辆数据异常报警等。喷药机是独立的第三方机器，此处能够显示机器参数，并预留第三方控制网址接口。智能农具主要包括旋耕机具、播种机具、杀秧机具、收获机具等。普通机具增加了电子标签、农具参数、适合作业类型，以匹配农机类型。智能型机具可选择是否具备漏播、测产以及机具参数测试模块，并提供机具参数异常报警功能。在展示模块中，还提供了农机具运行时间统计、作业轨迹，并生成各农机每年利用时间的图表。同时，还会显示当前位置、保养记录和提醒，并根据位置信息对跨区作业进行报警和处理。机具管理模块界面如图7-7所示。

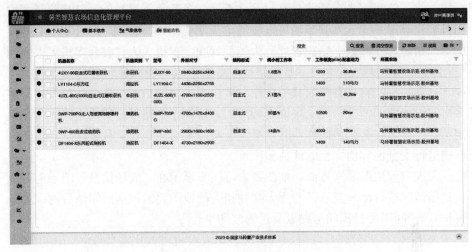

图 7-7　机具管理

（五）无人驾驶导航模块

无人驾驶导航模块具有路径管理、无人驾驶地图要素、RTK 差分账号分配、无人驾驶任务安排等功能。无人驾驶导航模块如图 7-8 所示。

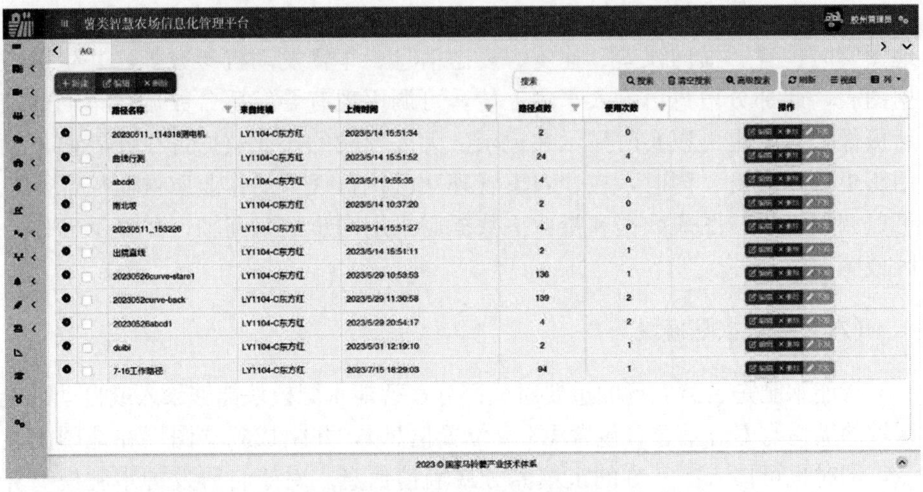

图 7-8　无人驾驶导航模块

路径管理方面，可实现农机作业路径由无人驾驶车辆设置，并以文本文件形式传递至管理系统。路径提前由无人驾驶系统或打点器采集设置完成，由无人车辆端点击上传，保存至管理系统（上传后的路径与上传车辆无必然联系，即此路径也可用于其他无人车辆）或者以文本文件形式通过操作电脑端上传至系统。为了防止无人车辆路径被删除，系统具备路径下发功能，并且路径图层能可视化显示。无人驾驶车辆可以设置地头安全距离等参数，路径地图中的图层可以指示这些参数。路径管理分为辅助驾驶、单机无人驾驶和多机无人协同3个部分。辅助驾驶仅包含 AB 线路径，单机无人驾驶路径包括自动点火、出库、自动掉头、自动升降农具等操作，多机无人协同适用于设计运粮车协同和多机同时作业的情况。无论采取哪种形式，每辆车的路径设置均由无人驾驶系统负责，并且在多机协同作业时，系统会实时发送各个作业位置信息，由无人车辆进行安全性和协同性的评估和决策。

无人驾驶地图要素方面，地图要素可同步显示在"农场信息"图层上，也可根据情况进行部分显示。与无人驾驶相关的地图要素包括田间障碍物（如电线杆）、田间田埂、田间道路以及运输装卸平台等。

关于 RTK 差分账号分配，可实现多无人农机可共用差分账号，由系统指定分发，无人驾驶系统开机接收，收到差分后提示配置成功。

无人驾驶任务安排方面，建议根据辅助驾驶、单机无人和多机协同3种不同模式选择农机、匹配机具和作业路径，然后将任务下发给责任人进行无人作业。责任人可以是具体员工，也可以是系统，即通过智能化装备自动完成。任务下达可以在无人作业部分或者"生产任务调度"部分进行。如果车辆不在指定位置或存在位置偏差，则提示无法启动无人作业。

对于无人驾驶任务安排的执行过程，能够实时显示车辆运行状态，包括地图实时位置、横向误差、速度、姿态信息、车辆发动机参数等，并生成数据图表，此部分信息由无人车辆上传，可调用现有导航后台数据。车辆的前后摄像头数据也可以实时显示并记录。无人驾驶的作业数据可在此界面下调用历史数据观看，同时，在"农事管理"已执行任务的作业质量监控部分也可以调用观看。图表数据和摄像头数据需采用同步的时间轴，并显示已作业区域图层。

（六）智能水肥模块

智能水肥是智慧农场的重要组成部分，智能水肥模块能够录入或自动采集区域的墒情与养分信息（包含 RTK 位置信息），并生成独立图层在地图上显示，同时也可接入第三方的土壤养分或墒情信息。对于自研发的水肥模型算法，为了后续科研开发，需要预留程序接入端口，即后续算法的可执行文件的存放位置、名称，后续算法只需生成一个指定名称的可执行文件（此文件运行后将水肥配比等信息存入指定数据库），系统调用执行文件和数据库，完成对水肥的控制。水肥的控制通过接口采用第三方水肥厂家提供的自由控制软件实现。智能水肥模块如图7-9所示。

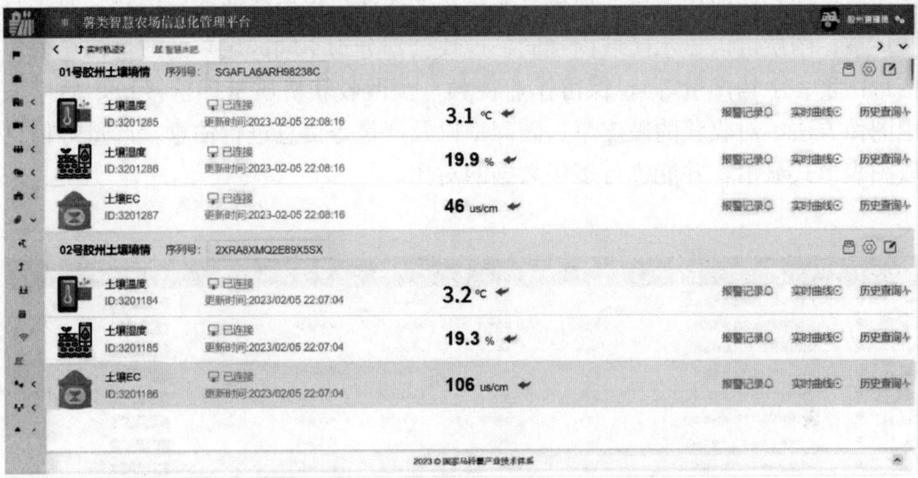

图7-9　智能水肥模块

（七）病虫害防治模块

建立病虫害图片库，可手动添加病虫害库作为深度学习素材库，也可添加由摄像头、无人机或其他摄像手段拍摄的农场照片。预留病虫害深度学习算法程序接入端口，由后续深度学习算法对当前病虫害进行判断。关于孢子分析仪，调用第三方软件接口，对病害进行判断。建立病虫害信息平台，采集所播种作物的常见病虫害信息苗数，类似于百科，并可接受国家相关部门推送的病虫害预警信息，对农场信息平台建立以来所有的病虫害信息进行图表展示，包括发病严重程度、发病时期、喷洒药物时间、受病虫侵害作物植株数量等。同时建立病虫害专家系统，可采用微信形式发送指定图片到指定群，咨询病虫害信息，并可接收响应回复。

（八）农事管理质量监控模块

农事管理质量监控模块主要实现记录所有的农场农事活动，并按照耕、种、管、收进行分类，同时对每次农事活动的质量进行反馈评价，如图7-10所示。其所有数据可通过活动种类和时间查询，如查询指定时间段内的收获作业。其中，对于农事活动进行记录分类，记录每次农事活动的时间、责任人、作业过程录像或图片等资料信息。对于作业质量监控，主要划分耕地、播种、田间管理以及收获4个方面。对于耕地环节可查看耕地过程录像和耕地后土地效果图片；对于播种环节可接收播种机上传的漏播或重播数据、图层显示漏播或重播位置信息以及显示漏播率或重播率等信息，漏播与重播数据可以自动上传，也可手动录入；对于田间管理环节，如果是喷药等使用农机的作业，可查看作业录像和作业后效果，如果是非机械的作业仅保留作业前后图片；对于收获环节，图层可以显示区域内（同一地块会划分为不同区域）的产量信息（包括总产量、平均产量等），保留作业视频，预留收获机质量评价接口，后期采用图像方法，对收获的破皮率、破碎率以及产量等信息进行估算，产量等信息以图表形式显示，并能进行多年数据的对比。

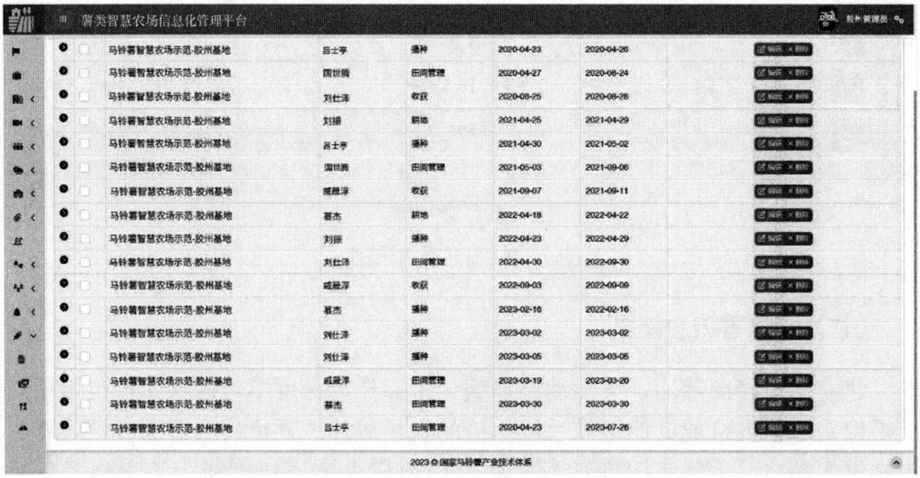

图 7-10　农事活动记录

（九）生产任务调度模块

农场管理的有序进行离不开合理的任务调度，生产任务调度主要承担农场的任务管理，可预先设置计划任务，根据时间自动或手动下发任务，如图 7-11 所示。在任务下发方面，建议将任务分为有人作业任务和无人作业任务。无人作业任务主要是无人车辆和无人机作业，责任人可指定为系统，也可指定为具体人。此部分任务安排与相对应模块重叠（即两部分模块下均可下发任务），任务完成后所有作业过程可在农事记录环节中查看。对于有人作业任务，需指定责任人，作业完成后上传作业后的效果图片或反馈，管理员审核完成后，计入农事记录和员工工作量统计等环节。对于任务的引导、完成以及反馈情况，可根据任务地块位置和机具位置，对责任人进行引导，以保证作业准确。作业完成后责任人上传作业过程和作业后的图片或者视频，由管理员审核，以确定任务完成。

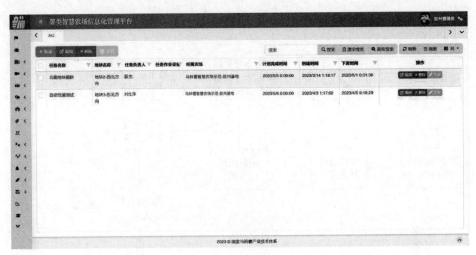

图 7-11　任务分配

（十）产效分析模块

产效分析模块能够按照地块进行投入产出的产效分析，包含统计地块基础信息（种植品种、面积），统计包括一年内的施肥（各类肥料）、用水量、施药量，通过图表形式统计一年的总投入〔如种子投入、肥料投入、人工投入（手动录入）〕，从而实现产量和收入的统计分析，同时生成本地块一年的最终收益数据，并可通过图表统计的方式展示历年来的地块收益。

（十一）农事专家咨询模块

马铃薯种植过程中会遇见很多专业的问题，农事专家咨询模块可以根据农场所在区域的不同，给出不同的农事专家数据。专家咨询系统的具体工作流程为：田间技术员填写田间档案后推送给种植专家，专家查看田间档案详细信息后线下制定方案，制定方案后在田间档案详情页面上传方案信息并推送给技术员，技术员既可以在首页查看专家方案，也可以下载到本地查看，技术员根据专家方案编写系统方案，系统方案提交后经专家查看确认，然后按照时间节点将田间方案信息以及生长指标检测任务推送给移动端用户，用户执行方案后，将返回的信息数据推送给专家和技术员以及农事专家系统。农事专家系统工作流程如图 7-12 所示。可将专家数据提前录入系统，如东北地区马铃薯种植的历年农事作业经验数据，也可接入当地农业部门官方数据，接收当地农业部门对农业种植的预警和提醒信息，还可通过搜索引擎自动搜索相关区域农场对应作物的网站信息，并在此模块推荐。

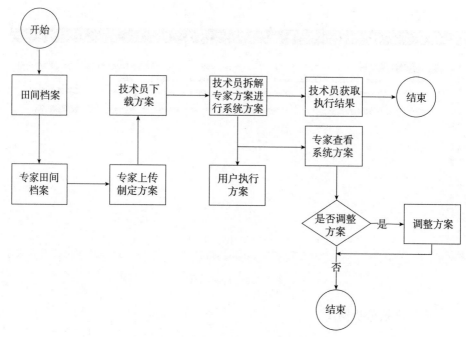

图 7-12 农事专家系统工作流程

五、本章小结

本章介绍了智慧农场的发展现状、研究目的，介绍了薯类智慧农场信息化管理平台的系统设计，更加详细地描述了薯类智慧农场信息化管理平台的模块组成，以及每个模块的主要功能。

参 考 文 献

[1] 毕春辉，陈长海，付会琴，等．马铃薯播种机发展状况及未来趋势 [J]．农机使用与维修，2021 (7)：13-14.

[2] 魏延安．世界马铃薯产业发展现状及特点 [J]．世界农业，2005 (3)：29-32.

[3] GARDNER J S. New type potato planter invented [J]．American Journal of Potato Rescarch. 1957，34 (5)：149-150.

[4] 吕金庆．气力式马铃薯精量播种关键装置作用机理与参数优化 [D]．大庆：黑龙江八一农垦大学，2020.

[5] 李洋，王楠，蒲连影，等．国内外马铃薯种植机械研究现状 [J]．农业工程，2022，12 (1)：15-20.

[6] AL-GAADI K A. Performance evaluation of a cup-belt potato planter at different operation conditions and tuber shapes [J]．American-Eurasian Journal of Agricultural & Environmental Sciences, 2011, 10 (5)：821-828.

[7] CHO Y, CHOI I S, KIM J D, et al. Performance test of fully automatic potato seeding machine by in-situ process of cutting seeds [J]．Journal of Biosystems Engineering, 2017, 42 (3)：147-154.

[8] HAASE W C. Pioneer I: a planter computer system [C]．Chicago: American Society of Agricultural Engineers，1986.

[9] LAN Y, KOCHER M F, SMITH J A. Opto-electronic sensor system for laboratory measurement of planter seed spacing with small seeds [J]．Journal of Agricultural Engineering Research, 1999, 72 (2)：119-127.

[10] MCLEOD C D, MISENER G C, YAI G C C, et al. A precision seeding device for true potato seed [J]．American Journal of Potato Research, 1992, 69 (4)：255-264.

[11] BUITENWERF H, HOOGMOED W B. Assessment of the behaviour of potatoes in a cup-belt planter [J]．Biosystems Engineering, 2006, 95 (1)：35-41.

[12] ABBAS M T, HAMZA M A, YOUSSEF H H, et al. Bio-preparates support the productivity of potato plants grown under desert farming conditions of North Sinai: five years of field trials [J]．Journal of Advanced Research, 2013, 5 (1)：41-48.

[13] 李同辉．马铃薯直插式膜上播种机设计研究 [D]．兰州：甘肃农业大学，2016.

[14] 吕金庆，衣淑娟，陶桂香，等．马铃薯气力精量播种机设计与试验 [J]．农业工程学报，2018，34 (10)：16-24.

[15] 刘文政，何进，李洪文，等．基于振动排序的马铃薯微型种薯播种机设计与试验 [J]．农业机械学报，2019，50 (8)：70-80，116.

[16] 陈志鹏．三角链半杯勺式马铃薯精密播种机的设计与试验研究 [D]．武汉：华中农业大学，2019.

[17] 牛康. 马铃薯整薯精密播种关键技术研究 [D]. 北京：中国农业大学，2017.

[18] 王凤花，孙凯，赖庆辉，等. 单行气吸式微型薯精密播种机设计与试验 [J]. 农业机械学报，2020，51（1）：66-76.

[19] 王希英. 双列交错勺带式马铃薯精量排种器的设计与试验研究 [D]. 哈尔滨：东北农业大学，2016.

[20] 武广伟，王瑞雪，李鑫，等. 国内外甘薯移栽技术装备研究现状与展望 [J]. 农机化研究，2024，46（7）：1-8.

[21] 崔中凯，张华，周进，等. 4U-750 牵引式甘薯收获机设计与试验 [J]. 中国农机化学报，2020，41（5）：1-5，25.

[22] BOVELL-BENJAMIN A C. Sweet potato: a review of its past, present, and future role in human nutrition [J]. Advances in Food and Nutrition Research, 2007, 52: 1-59.

[23] 周洵泽，严伟，王云霞，等. 甘薯机械化移栽分苗取苗技术研究现状及展望 [J]. 中国农机化学报，2023，44（3）：35-40.

[24] 胡良龙，计福来，王冰，等. 国内甘薯机械移栽技术发展动态 [J]. 中国农机化学报，2015，36（3）：289-291.

[25] 刘正铎. 机械臂式甘薯移栽机关键技术与移栽机理研究 [D]. 泰安：山东农业大学，2022.

[26] 吕皓玉. 甘薯秧蔓粉碎回收装置及控制系统设计与试验 [D]. 泰安：山东农业大学，2021.

[27] 武广伟，王瑞雪，李鑫，等. 国内外甘薯移栽技术装备研究现状与展望 [J]. 农机化研究，2024，46（7）：1-8.

[28] 王彩贤. 2ZYZ-2 型甘薯苗开穴注水移栽机 [J]. 农机科技推广，2014（2）：58-60.

[29] 王彩贤. 2ZY-2A 型自走式红薯苗移栽机简介 [J]. 农机科技推广，2015（5）：45.

[30] 全伟，唐叶，段益平. 打穴式移栽机械发展现状与展望 [J]. 农业工程与装备，2020，47（3）：18-22.

[31] 高清海，袁兴茂，陈敬者，等. 河北省甘薯种植及其生产机械现状与发展建议 [J]. 河北农业科学，2018，22（4）：72-75，100.

[32] 刘京蕊，李小龙，张莉，等. 2CGF-2 型甘薯移栽机改装滴灌带后作业性能试验 [J]. 农业工程，2019，9（6）：6-9.

[33] 胡良龙，王冰，王公仆等. 2ZGF-2 型甘薯复式栽植机的设计与试验 [J]. 农业工程学报，2016，32（10）：8-16.

[34] 高华德，张有富，刘兴辉，等. 一种合手式柔性护苗移栽机构：CN209731988U [P]. 2019-12-06.

[35] 申屠留芳，唐立杰，孙星钊，等. 指夹式甘薯移栽机栽植机构的设计与仿真 [J]. 江苏农业科学，2018，46（14）：223-226.

[36] 朱斌彬，吕钊钦. 带夹式甘薯裸苗移栽机的设计 [J]. 农机化研究，2018，40（6）：120-123，161.

[37] 张涛. 基于"船底形"位姿的甘薯裸苗膜上移栽装置设计与试验 [D]. 泰安：山东农业大学，2021.

[38] DU S, YU J Z, WANG W B. Determining the minimal mulch film damage caused by

the up-film transplanter [J]. Advances in Mechanical Engineering, 2018, 10 (3): 25-36.

[39] 刘姣娣, 曹卫彬, 田东洋, 等. 钵苗有效零速移栽栽植机构运动学分析与试验 [J]. 机械工程学报, 2017, 53 (7): 76-84.

[40] 徐高伟. 大垄膜上交错双行丹参移栽机关键部件研究及整机设计 [D]. 哈尔滨: 东北农业大学, 2019.

[41] 周脉乐. 回转式膜上辣椒钵苗移栽机构的优化设计与试验研究 [D]. 哈尔滨: 东北农业大学, 2017.

[42] 李仁崑, 赵娇娜, 张新, 等. 甘薯移栽方式与产量性状的关系 [J]. 作物杂志, 2015 (5): 164-166.

[43] 马志民, 刘兰服, 姚海兰, 等. 不同覆膜方式对甘薯生长发育的影响 [J]. 西北农业学报, 2012, 21 (5): 103-107

[44] 罗小敏, 王季春. 甘薯地膜覆盖高产高效栽培理论与技术 [J]. 湖北农业科学, 2009, 48 (2): 294-296.

[45] 梁静. 新疆水肥一体化技术应用现状与发展对策 [J]. 新疆农垦科技, 2015 (1): 38-40.

[46] HUANG J, SUN L, MO Z, et al. Experimental investigation on the effect of throat size on bubble transportation and breakup in small Venturi channels [J]. International Journal of Multiphase Flow, 2021, 142: 103737.

[47] 安辉. 浅谈我国水肥一体化技术发展现状及对策 [J]. 农村实用技术, 2022 (4): 77-78.

[48] PODBEVSEK D, PETKOVSEK M, OHL C D, et al. Kelvin-Helmholtz instability governs the cavitation cloud shedding in Venturi microchannel [J]. International Journal of Multiphase Flow, 2021, 14: 408-414.

[49] RAZALI M A B, XIE C G, LOH W L. Experimental investigation of gas-liquid flow in a vertical Venturi installed downstream of a horizontal blind tee flow conditioner and the flow regime transition [J]. Flow Measurement and Instrumentation, 2021, 80: 101961.

[50] REHAK P, GAO H Q, LU R F, et al. Nanoscale venturi-bernoulli pumping of liquids. [J]. ACS Nano, 2021 (6): 10342-10346.

[51] GUTIÉRREZ J, VILLA-MEDINA J F, NIETO-GARIBAY A, et al. Automated irrigation system using a wireless sensor network and GPRS module [J]. IEEE Transactions on Instrumentation and Measurement, 2013, 63 (1): 166-176.

[52] ZHANG D. Problems and development countermeasures of agricultural water-saving irrigation [J]. Meteorological and Environmental Research, 2018, 9 (3): 101-104, 108.

[53] 曹成茂, 夏萍, 朱张青. 无线数据传输在节水灌溉自动控制中的应用 [J]. 农业工程学报, 2005 (4): 127-130.

[54] 金美琴, 姜建芳. 基于管控一体化技术的滴灌控制系统设计 [J]. 江苏农业科学, 2013, 41 (9): 371-374.

[55] 姜浩. 农业水肥一体化智能监控系统的研究与开发 [D]. 兰州: 兰州理工大

学，2019.

[56] 薛新宇，兰玉彬．美国农业航空技术现状和发展趋势分析［J］．农业机械学报，2013，44（5）：194-201.

[57] 唐英迪．植保无人机喷雾性能试验台性能研究［D］．长春：吉林农业大学，2021.

[58] 翔龙．3WWDZ-10型无人植保机［J］．农村新技术，2018（11）：40.

[59] 张勇，王丽莉．一种农业自主导航的智能无人打药车设计［J］．机电技术，2020（4）：16-19.

[60] 沈跃，孙志伟，沈亚运，等．直线型植保无人机航姿UKF两级估计算法［J］．农业机械学报，2022，53（9）：151-159.

[61] 贾晶霞，姜贵川，王楠，等．国内外马铃薯收获机械研究进展［J］．农业机械，2012（14）：13-14.

[62] ZHOU J G，YANG S M，LI M Q，et al. Design and experiment of a self-propelled crawler-potato harvester for hilly and mountainous areas［J］. INMATEH Agricultural Engineering，2021，64（2）：151-158.

[63] HRUSHETSKY S M，YAROPUD V M，DUGANETS V I，et al. Research of Constructive and Regulatory Parameters of the Assembly Working Parts for Potato Harvesting Machines［J］. INMATEH Agricultural Engineering，2019，59（3）：101-110.

[64] LÜ J Q，TIAN Z G，YANG Y，et al. Design and experimental analysis of 4U2A type double-row potato digger［J］．农业工程学报，2015，31（6）：17-24.

[65] 王海翼．山地自走式马铃薯联合收获机设计与试验［D］．昆明：昆明理工大学，2021.

[66] 夏阳．红薯机械化收获的实验研究［D］．郑州：河南农业大学，2008.

[67] 张宗超．基于图像处理的马铃薯外部缺陷检测方法研究［D］．呼和浩特：内蒙古农业大学，2014.

[68] 余小兰，林蜀云，王太航，等．西南丘陵山区马铃薯机械化收获技术与装备研究进展［J］．南方农业，2023，17（17）：255-262.

[69] 吕金庆，王鹏榕，刘志峰，等．马铃薯收获机薯秧分离装置设计与试验［J］．农业机械学报，2019，50（6）：100-109.

[70] 魏忠彩，李洪文，苏国梁，等．缓冲筛式薯杂分离马铃薯收获机研制［J］．农业工程学报，2019，35（8）：1-11.

[71] 张兆国，王海翼，李彦彬，等．多级分离缓冲马铃薯收获机设计与试验［J］．农业机械学报，2021，52（2）：96-109.

[72] 李彦彬，张兆国，王圆明，等．马铃薯收获机多级输送分离装置设计与试验［J］．沈阳农业大学学报，2021，52（6）：758-768.

[73] 熊斌．基于RTK-BDS和DR的拖拉机导航控制方法研究［D］．北京：中国农业大学，2017.

[74] 徐大圣．农业机械导航技术发展分析［J］．工程机械文摘，2021（3）：32-34.

[75] 赵霞，高菊玲，张志鹏．基于北斗导航的农机自动驾驶技术研究进展［J］．江苏农机化，2020（6）：18-21.

[76] HIREMATH S，VAN EVERT F K，BRAAK C T，et al. Image-based particle

filtering for navigation in a semi-structured agricultural environment [J]. Biosystems Engineering, 2014, 121: 85-95.

[77] KURITA H, IIDA M, CHO W, et al. Rice autonomous harvesting: operation framework [J]. Journal of Field Robotics, 2017, 34 (6): 1084-1099.

[78] GARCÍA-SANTILLÁN I, GUERRERO J M, MONTALVO M, et al. Curved and straight crop row detection by accumulation of green pixels from images in maize fields [J]. Precision Agriculture, 2018, 19 (1): 18-41.

[79] 李丹阳, 李彬, 李江全. 基于北斗导航、百度地图的采棉机监控系统设计 [J]. 江苏农业科学, 2015, 43 (9): 455-457.

[80] 熊斌, 张俊雄, 曲峰, 等. 基于BDS的果园施药机自动导航控制系统 [J]. 农业机械学报, 2017, 48 (2): 45-50.

[81] 田光兆, 顾宝兴, MARI I A, 等. 基于三目视觉的自主导航拖拉机行驶轨迹预测方法及试验 [J]. 农业工程学报, 2018, 34 (19): 40-45.

[82] YANG R B, ZHAI Y M, ZHANG J, et al. Potato visual navigation line detection based on deep learning and feature midpoint adaptation [J]. Agriculture, 2022, 12 (9): 1363.

[83] 张健, 吕士亭, 杨然兵, 等. 一种适用于履带式薯类收获机的辅助导航系统及控制方法: 202311238971.5 [P]. 2024-03-12.

[84] 胡金钊, 张文毅, 严伟, 等. 国内外甘薯起垄机械研究现状与展望 [J]. 中国农机化学报, 2018, 39 (11): 12-16.

[85] 史宇亮, 陈新予, 陈明东, 等. 甘薯起垄整形机犁铧式开沟起垄装置设计与试验 [J]. 农业机械学报, 2022, 53 (10): 16-25.

[86] 赵海, 刘新鑫, 潘志国, 等. 甘薯种植农艺及机械化种植技术研究 [J]. 中国农机化学报, 2021, 42 (6): 21-26.

[87] 庄如月. 甘薯裸苗移栽机构优化设计与试验研究 [D]. 杭州: 浙江理工大学, 2021.

[88] 严伟, 张文毅, 胡敏娟, 等. 国内外甘薯种植机械化研究现状及展望 [J]. 中国农机化学报, 2018, 39 (2): 12-16.

[89] 徐亚雷, 杨红光, 潘志国, 等. 甘薯裸苗斜插式栽植机构及电控系统研制 [J]. 中国农机化学报, 2024, 45 (6): 53-57, 71.

[90] YAN W, HU M J, LI K, et al. Design and experiment of horizontal transplanter for sweet potato seedlings [J]. Agriculture, 2022, 12 (5): 675.

[91] 陈进. 甘薯裸苗精准喂苗栽植控制系统设计与研究 [D]. 南宁: 广西大学, 2021.

[92] 何宇凡. 基于苗带的甘薯裸苗自动移栽机设计与试验 [D]. 镇江: 江苏大学, 2022.

[93] 中国农业机械化科学研究院. 农业机械设计手册 [M]. 北京: 中国工业出版社, 1971.

附　　录

相关术语介绍

（1）铲面倾角：指挖掘铲与水平地面之间的夹角，铲面倾角的大小对挖掘铲的切削及输送性能起决定性作用。

（2）铲刃夹角 γ：指铲尖处铲刃之间形成的夹角，其数值大小直接影响挖掘铲的挖掘阻力及清土能力。

（3）振动幅度单位变化量：最大振动幅度与最小振动幅度的差值。

（4）明薯率：机械作业后暴露出土层的马铃薯质量（kg）与试验时收获的马铃薯质量（kg）的百分比。

（5）伤薯率：机器作业损伤薯肉的马铃薯质量（kg）与试验时收获的马铃薯质量（kg）的百分比。

（6）含杂率：夹杂物和土壤总质量（kg）与机器收获的马铃薯质量、夹杂物和土壤总质量（kg）的百分比。

（7）偏心距：偏心轮的回转中心与它的几何中心之间的距离。

（8）STM32 主控模块：采用带有 FPU 的 ARM 32 位 Cortex-M7 CPU，具有 1 024 字节的 OTP 存储器，多达 164 个高速 I/O 和 25 个通信接口，运行功耗低且处理能力强。

（9）称重传感器：将传感器所受压力信号转换为与薯类质量成比例的可用于输出信号的传感器。

（10）拨轮间隙：同一拨辊上相邻拨轮之间的距离，主要由所收获马铃薯的尺寸确定（可通过更换间隔套调整）。

（11）拨辊间距：相邻两拨辊轴之间的距离。

图书在版编目（CIP）数据

薯类全程机械化智能化生产关键技术 / 杨然兵等著.
北京：中国农业出版社，2024. 10. -- ISBN 978-7-109-
32614-9

Ⅰ. S233.73

中国国家版本馆 CIP 数据核字第 2024PD0415 号

中国农业出版社出版

地址：北京市朝阳区麦子店街 18 号楼
邮编：100125
策划编辑：贾　彬
责任编辑：张雪娇
版式设计：杨　婧　　责任校对：吴丽婷
印刷：中农印务有限公司
版次：2024 年 10 月第 1 版
印次：2024 年 10 月北京第 1 次印刷
发行：新华书店北京发行所
开本：700mm×1000mm　1/16
印张：13
字数：250 千字
定价：78.00 元
